花园MOOK特辑
花园日志

〔日〕紫雨 / 著　久方 / 译

长江出版传媒
湖北科学技术出版社

目录

CONTENTS

Roses in the small garden

Enjoy the container gardens

简 介

欢迎来到我的小花园！

我叫紫雨，是一个全职妈妈。

在做家务和育儿的间隙里，我花了 14 年时间和丈夫一起打造了这座小花园。

请您随我一起慢慢欣赏。

20 年前，我在当时所住的楼房的阳台上，

在一个小花盆里种下了一棵花苗。

一开始我并没有太在意它，

但随着它的叶子慢慢增多，花苞也冒了出来，

我的心中开始雀跃，期待花开的那一天……

在这之前，我家阳台的功能只限于晾晒衣服，

而一盆花，就让这个空间有了治愈人心的力量。

我的园艺生活就是从此开始的。

自那以后，我开始种植更多植物。

搬家后，我的园艺舞台从那个阳台变为了如今的小花园。

自从开始栽种植物，我更加关注天气的变化，

疲劳的时候，植物让我身心放松，

让我每一天都很快乐。

我非常荣幸能将这本浓缩了我家花园 365 天的书，

送到各位的手边。

希望在您翻开这本书的时候，也能从中获得园艺的乐趣。

花园平面图

对于居住在公寓中的我来说，园艺的舞台就是这一块6m×3m的花园和玄关附近的花坛。园艺公司帮忙设计了爬藤架，除此之外的小景都是我们自己制作的。我和丈夫一起铺设砖块、填充土壤，一点一滴打造了这座小院。今后，它还会有新的变化……

花园全景

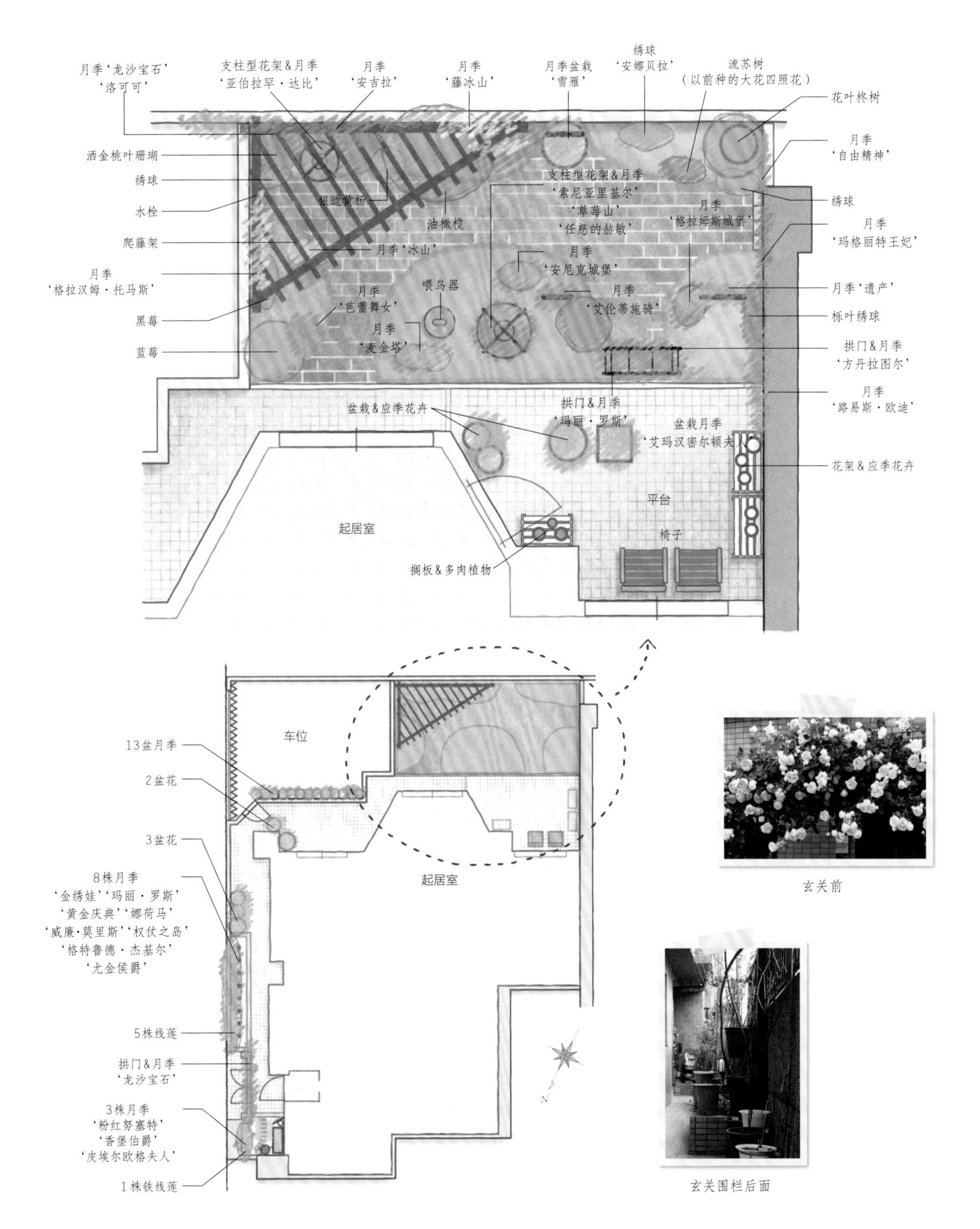

玄关前

玄关围栏后面

彩虹色的一天

7:00 起床。
起床后，先把衣服放进洗衣机洗，
然后洗漱、穿衣、做早餐。

8:00 到院子里给植物浇水。

8:15 送丈夫和大女儿出门，叫二女儿起床。

8:45 和二女儿一起吃完早饭后，衣服也洗好了，正好晾衣服。

9:20 送二女儿去公司（单程 20 分钟）。
在回家的路上买好食材和日用品。

10:30 回家。

11:15 打扫卫生，
之后约 1 小时为园艺时间。
修剪残花、检查病虫害是每天必不可少的功课。
除此之外，我根据需要可能还要
除草、栽花苗、分株、移植、制作组合盆栽、施肥等，
时间很快就过去了。

12:15 从院子回到房间，更新自己的博客。

13:15 更新完博客后，简单吃一顿午餐。

14:00 稍作休息，处理一些琐事，
比如查看信件和包裹，写一些文件，处理废旧物品等。

15:30 处理完这些杂七杂八的事情后，
差不多已经下午三点半了，
二女儿该从公司回来了。
公司的班车会把她直接送回家。
叠好晒干的衣服，
准备晚饭的食材。

16:00 与二女儿一起在附近散步 1 小时。
与她一起悠闲地散步，
感受季节的变化，
对我来说是最幸福的时光。

17:15 散步回家，做晚餐。

19:00 晚餐一般从 7 点开始。

20:30 收拾完碗筷后是我的自由时间。
我会做做手工、读书、网购……
放松身心！

23:00 一天结束后泡个热水澡。

24:00 睡觉。

在人们的印象中，种花的人通常都会早起干活。可对于有“起床困难症”的我来说，早上7点起床已经是极限了。偶尔，我也会想在院子里优雅地喝茶，但事情总是一件接一件地来，一个上午都没有时间坐下休息。

我的博客一般在园艺劳作后更新。在送二女儿上班的路上，我会思考当天要更新的内容，这时候一般就把主题想好了。拍照、写文章，快的话半小时就能写好博客，慢的话有时需要2小时。

我的入睡时间一般是在晚上12点以后。虽然说早一点睡对身体比较好，但是我已经习惯晚睡了，改不了……

The four seasons in the small garden

探索小花园的四季

花园里，冬季依然有花盛开，
不久，早春的足音响起，
春日的盛景拉开帘幕。
接下来是梅雨季，
以及炎热的盛夏。
随后，秋天接踵而至，冬天也不远了。
地球公转，季节更迭，
能够安稳地度过每一天是一件值得庆幸的事。
这些，
是小花园中的四季教会我的。

Small Garden In SPRING

春季花园的乐趣

小花园中各色花朵争相绽放，
这是被月季香气包裹起来的季节。
恍惚觉得，
一整年就是为了遇见这一季的景色。

郁金香的花蕾，马上就要开放了！

从柏油路的缝隙中带回家的头花蓼。

忘都草的花苞，又让我在花园里找到了春天。

春天的气息

在早春的花园里寻找春天的踪影。

背阴处的角落还有些凉意，
而向阳的地方已经十分温暖了。
冬季处于休眠状态、
保持小株型的地栽植物，
被温暖的阳光唤醒，
每一天都在扩大自己的地盘。
发现一个小小的花蕾，
守护着它，期待它慢慢地膨胀，
对我来说是一件很快乐的事情。
天气好的时候，我会拿着相机，
认真地巡视花园的每一个角落，
感叹：“植物也在好好地生活着啊！”
至今，我还是会被植物的各种瞬间感动。

雏菊很适合早春的花园，是我每年春季都会种的经典植物。在接下来的时间里，雏菊将旺盛生长，开出很多可爱的花朵。

春日的暖阳照在月季的尖刺上，可真美啊！

正想着：“郁金香的花蕾应该还没出来吧？”仔细一看花蕾居然已经冒头了！但是现在还全都埋在叶片里，不知道能不能顺利开出花来呢？

丈夫在我生日的时候送给我的铁筷子（圣诞玫瑰）。这个品种呈现出有点酷的渐变色，开花性很好，但花期比其他品种来得更晚一些。

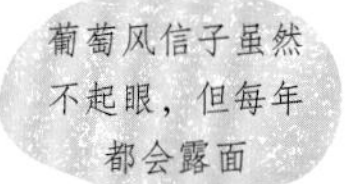

疏于管理的葡萄风信子。花量少了很多，差不多要挖出来了。

堇菜属的植物为我们预告春的到来。香堇菜仿佛是被温暖的阳光唤醒的，渐次开出花朵。

香堇菜与三色堇

在暖洋洋的日子里一起盛开的春之使者。

早春时节，
香堇菜与三色堇就纷纷开花了。
对于萧瑟的早春花园来说，它们的色彩是非常难得的。
野生的香堇菜开在花园的各个角落，
不知道是从哪里飘来的种子落地生长而成的。
朴素可爱的香堇菜与华丽的三色堇，
都属于堇菜属植物。
我非常喜欢它们。

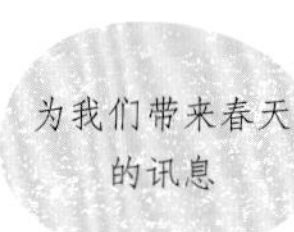

这棵香堇菜是花园里的老朋友了，我已经不记得它是从什么时候出现的。虽然不够华丽，但有一种楚楚可怜的美。

在花园的角落里发现了一棵不知道从哪儿来的野生香堇菜！真可爱啊！

一棵每年都会开花的香堇菜。我不记得自己种过，大概也是野生的吧。这模样，仿佛是蓝色的颜料洒在了白色的花瓣上。

彩色三叶草‘古铜渐变色’与地栽的三色堇，两种植物很自然地搭配在一起。

每年春天如约开放的花朵们

宿根草苏醒的季节到了。

冬季，宿根植物的叶子掉光了，
但地底的部分还在静静地等待春天的到来。
每一年天气变暖的时候，
宿根植物就会在老地方出现，
为我们带来美丽的花朵。
看到地面上冒出的小芽，我高兴地想：
“今年又见面啦！”
宿根植物就是如此可靠，
一旦种下，
就每年都能在花园里找到它们的身影。
对于园丁来说，
宿根植物管理起来十分轻松，
让人不禁想越种越多。
但如果只种宿根植物，
花坛就会每年都开同样的花，
这样便毫无新意了。
在宿根植物之间，
搭配种些一年生植物，
让花坛每年都能充满新鲜感。

糖芥‘科茨沃尔德宝石’

我非常喜欢糖芥‘科茨沃尔德宝石’，每年都会种植。花朵的颜色是不是很漂亮呢？它属于宿根植物，如果管理得好，寿命是很长的。可惜它每年都被夏季的炎热打倒，然后在新的一年我又想继续挑战它……

每年都会培育的紫蜜蜡花（紫花琉璃草），不论是花的形态还是颜色都正合我胃口。我一般直接买小苗培育。

屈曲花熬过寒冷的冬天，再一次在我家的花园里迎接春天的到来。它也是宿根植物，从上往下看就像一个个圆球，非常可爱。

朝着阳光肆意生长的彩色三叶草‘古铜渐变色’，复古的颜色非常招人喜爱。前几天，我还在其中发现了几株“四叶草”。

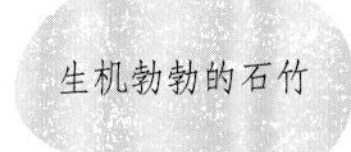

生机勃勃的石竹

宿根草花石竹向着阳光生长，开出惹人怜爱的小花。

我很喜欢这种拥有花叶的蓝菊，尤其是它的花型。它和玛格丽特很像，但其实并不是同一种植物。当然，不论是蓝菊、玛格丽特还是忘都草我都很喜欢。

春日盛景

花团锦簇的季节。

每次走进花园，
就会发现有新的花朵盛开，
各种植物都在旺盛生长。
小花园的各个角落，
每天都在发生变化。

欣赏完这春日盛景，
就要为下个季节做准备，
开始考虑为花坛换上新装了。
虽然很不忍心
把还在开花的植物拔掉，
但没办法，
这就是小花园的宿命……

每一朵花的颜色都稍显不同的龙面花。开花的同时还生出许多花蕾，让人倍感期待。

美丽的耧斗菜。我真想用各个角度的照片来展示它的美。

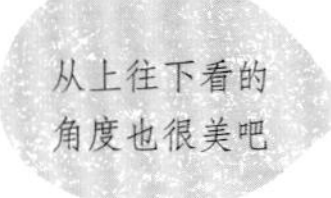

皱边型郁金香‘豪斯登堡’是大女儿去日本长崎大村湾豪斯登堡玩的时候为我带回来的当地“特产”。

婆婆针，日文别名为“冬季波斯菊”,名字中虽然带了“冬季”二字，冬天却只开零星几朵花，春季反而才是它的盛花期。

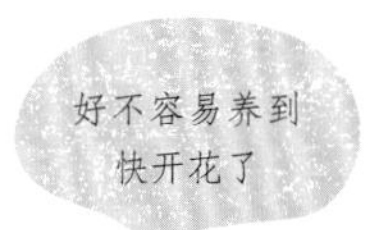

这株香豌豆买来的时候还是濒死的小苗，好不容易才拉扯大。

对我来说，鹅河菊的颜色、形状、叶子都堪称完美，我非常喜欢它们。

在花坛中开成花球的金鱼草和龙面花。在小花园的每个角落都能看到茁壮成长的植物们。

盛开的铁线莲‘银币’。‘银币’不管放在哪里，不论从什么角度看都很美，这让我总想把它摆放在不同位置，拍各种照片放在博客上。

不起眼的裸菀。它是菊科植物，也被称作“野春菊”。我很喜欢它像玛格丽特一样形态的淡紫色小花。

“朴素派”的魅力

华丽的月季当然很美，
而在花园一角悄悄绽放的、
略显朴素的花朵也同样很美。

每次走进花园前，
我都想着：“今天只浇水！”
但通常事与愿违。
有时是发现了虫害并与之战斗，
战战兢兢地用手或者一次性筷子把虫子弄走。
有时要检查植物是否有病害，
同时，清理残花和多余的叶子。
要做的事情总是一件接着一件，
时间再多都不够用，
等意识到的时候，只能感叹：
“啊，糟糕，已经这么晚了！”
可是，就算每天都花费大量时间在花园里，
我还是会错过很多细节。
“咦？昨天没发现这棵植物啊？”
几乎每天都有这样的惊喜。
明明只是个小花园而已啊！

我对这种小花（十字花科泽条蜂亚属植物）清凉的花色一见倾心。它细长的枝条和小花的组合非常可爱。

‘米兰’的花朵
静悄悄地绽放

矾根‘米兰’带有银紫色光泽的叶片非常美丽，它的花朵小巧，是花园中“朴素派”的一员。

花叶蔓长春花在背阴处也能生长。它的花朵虽然不起眼，但还是在我很少光顾的角落里兀自盛开。

单朵白花给人一种楚楚可怜的感觉

大花绣球藤是铁线莲的一种，花量大的时候看上去非常华美。不过，它今年只结了5个花苞，所以是“朴素派”。

“朴素派”的代表是这棵玉竹。它可爱的小花躲在叶片下开放，这种“藏拙”的习性，真是耐人寻味啊！

院子南侧的墙角几乎晒不到太阳，斑叶扶芳藤亮丽的叶色，点亮了这片稍显阴暗的角落。

用微距镜头拍摄植物

这是一个无法用肉眼捕捉细节的花的世界。

我现在用的相机，是刚开设博客时丈夫送的单反相机。拍摄花朵时，我有时会用到他后来送的微距镜头。慢慢地，我发现了一个与用肉眼观察时完全不同的世界——许多乍看很普通的小花，在微距镜头下，竟然能如此美丽！

不过，在熟练掌握微距镜头的使用技巧后，我却发现，不管相机和镜头的性能有多好，如果没有足够美丽的花朵作为主角，拍出来的照片也并不理想。看来，今后要种出更多美丽的植物才行了。

在院子角落，花叶青木的花正静静开放。虽然春季是它的盛花期，但它的花朵很不起眼。如果用微距镜头拍摄，花朵的美则会更好地突显出来。原来，用微距镜头拍摄是这样的感觉！

矾根的花，每一朵的直径只有8mm。右侧这张特写照片是用微距镜头拍摄的。

春天即将进入尾声，月季快要开败了，铁线莲刚好进入盛花期。上图展现的地方没有种月季，只集中栽种了铁线莲，通过牵引它们的枝条打造出一片美景。

铁线莲

月季的花期过后，铁线莲就成了花园的主角。

月季的观赏期快要结束了，
花园的主角从月季慢慢转变为铁线莲。
我家栽种了2棵盆栽铁线莲和16棵地栽铁线莲。
第一茬花开完后，修剪残花、追肥，
再经过一个多月的等待，第二茬花又渐次绽放。
据说，为了让铁线莲能在一年内开好几次花，
需要在植株八成左右的花朵盛开后就修剪枝条。
我总是不忍心剪掉还带着花苞的枝条，所以常常错过最佳的修剪时机。

意大利组铁线莲‘贝蒂康宁’是比较少见的有香味的品种。

铁线莲‘银币’的花朵在枝头绽放，花色从淡绿色慢慢变成纯白色。

佛罗里达组铁线莲‘白万重’。

杰克曼组铁线莲‘如梦’淡粉色的花朵看起来很温柔。

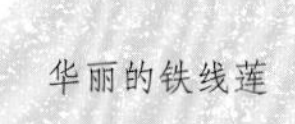

铁线莲‘里昂村庄’的花瓣颜色由中心向边缘渐变，粉色逐渐加深，圆润的花瓣呈现出独特的美感。

佛罗里达组铁线莲‘卡西斯’深紫色的重瓣花朵看起来非常华美，独具观赏性。

铁线莲‘阿柳’的身姿优雅又婀娜，花朵呈明快的淡粉色。

重瓣铁线莲‘爱丁堡公爵夫人’的花朵本就华丽万分，成片开放后更是一道极为吸睛的风景。它的花苞像一个个饱满圆润的馒头，也很可爱。

我最喜欢的铁线莲品种——‘戴安娜王妃’。我把它种植在玄关一侧的栅栏上，它在栅栏上渐次开放的样子真是可爱极了。

铁线莲‘舞池’正在开花，它的花朵直径为4cm左右，是铃铛形铁线莲，看到它仿佛就能听到的“丁零零”的悦耳铃声。

开出这样独特花朵的是佛罗里达组铁线莲‘幻紫’，它的花苞正在慢慢展开。

夏日，每天观察绣球的颜色变化是我生活的一大乐趣。这么说吧，院子里的青蛙在叶子上时是绿色的，跳到地上时又会变为土黄色，自然界的万物可真有趣啊！

初夏的气息

阳光照射在院子里，让人感到夏天快来了。

初夏时节既不会太冷也不会太热。
加热器和电风扇都被收进柜子，
气温变得很舒适。
照拂着院子的春日暖阳，
随着夏天的到来正逐渐变得强烈而炽热。
从客厅往外看，
院子里曾经的华丽色彩已变成满眼绿色。
梅雨季，就快来了。

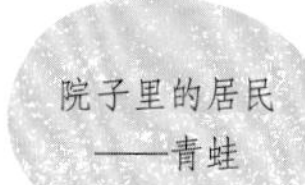

种花以前，我很害怕青蛙。现在，我总感觉它们是在默默地守护我的院子，反而经常特意去寻找它们。

蓝莓的果实变大了许多。它的嫩叶加上可爱的果实，光看着就觉得很治愈。

黑莓的花朵有点像野蔷薇，它可爱的小花开败后，果实就慢慢变大了。

意大利组铁线莲‘小白鸽’。它白色的花瓣末端带有一点绿色，非常特别。

Shiu's Gardening note 1

用采摘的鲜花装饰居室

我很少用从院子里摘来的花装饰室内空间，
比起插花，
我更喜欢把它们留在枝头上，
长久地欣赏它们的美。
但有时候，我不得不把盛开的花朵剪掉，
比如在修剪月季和铁筷子的时候；
或是在更新组合盆栽时。
我会把剪下来的花插在花瓶中，
在房间里欣赏它们最后的高光时刻。

月季‘遗产’‘弗朗西斯·迪布勒伊’‘广播时代’等的花朵，这是为了让植株进入冬季休眠而特意剪下的。

把三色堇和报春花一起放在水面上。出人意料的是，花朵的样貌能在水中保持很久。

三色堇在花园中的观赏性很强，剪下几朵，可以为房间打造一个可爱的花艺角。

这些是替换吊篮式组合盆栽时剪下来的花，把它们插在花瓶中，欣赏花材最后的美，为居室也增添了几分春日的气息。

把修剪下来的铁筷子插在花瓶中，用40℃左右的温水催花。

修剪月季‘金绣娃’时剪下来的花。为了修剪月季，我被刺得“遍体鳞伤”，这些花就算是对我劳作的奖励吧！

Small Garden In SUMMER

夏季花园的乐趣

色彩丰富、繁花似锦的春季花园已华丽变身，
呈现出属于夏季的深绿色。
在这个季节，
色彩淡雅的花朵，会为我带来一丝清凉。
这大概就是夏天独有的乐趣吧！

黑莓的果实已逐渐成熟，果实变黑后就可以采摘啦！

几棵小型向日葵让整个花园都明亮起来。

我最喜欢的一种夏季开花植物——松果菊。

盛开的绣球花

绣球别名为“七变化”，这可太恰当了。

梅雨时节的花园，
绿色随处可见。

铁线莲和绣球，
就在此时为花园增添了难得的色彩。
每一天，
绣球的花色都在发生变化，
怪不得人们会给它起名“七变化”。

我最喜欢的绣球品种是‘安娜贝拉’。
它初开时是青柠绿色的，
之后会慢慢变成纯白色。
我最喜欢的植物前三位中，
‘安娜贝拉’必有一席。

花园椅经过打磨后，我又在其表面刷了2遍清水漆。这样一来，在梅雨季也能安心使用了。花园椅的背后是白色的绣球‘安娜贝拉’。

重瓣栎叶绣球‘雪花’的花形呈独特的圆锥形。

我最喜欢的绣球‘安娜贝拉’。它的花朵会从青柠绿色变为白色，最后又变成绿色。花径可达25cm，非常壮观。

这也是一种栎叶绣球，它的叶片形状和槲树的很像。不过，对于小花园来说，它的株型有些太大了。

最初是绿色的

绣球‘初绿’花如其名。刚开花时，它的花朵是绿色的，随着时间的推移，花瓣逐渐染上红色，最后又变为绿色。

黑莓直接摘下来吃的话，酸酸甜甜的，味道很不错。如果把每天摘下来的黑莓放进冰箱，储存到一定量后再制成黑莓果酱品尝，就更美味了。

黑莓的花有点像野蔷薇，很可爱。

↓

每一场雨后，黑莓的颜色都会变深一些。快点变甜吧。

↓

黑莓变黑后，只要轻轻一碰，果实就会掉下来，这就是黑莓完全成熟的标志。

收获丰盛的浆果

初夏的花园，收获着酸酸甜甜的快乐。

我在花园里种了两种浆果——
黑莓和蓝莓。
其中，黑莓树有2棵，
一棵是很早以前种在地里的，
另一棵种在直径18cm、高30cm的素陶盆里。
蓝莓被我种在落地窗前，
是花园里的特等席。
它绽放可爱的小花后，
会结出好吃的果实，
秋天叶片则会变成赤红色，
这种多季节欣赏的植物太适合小花园了。

蓝莓的花朵形似铃兰，真可爱

4月上旬，蓝莓开花了，花朵就像一串白色的小铃铛。

蓝莓逐渐成熟，我每天都会摘下熟透的果实。刚摘下的新鲜果实是最好吃的。

铜锤玉带草的可爱果实。这种植物别名“紫色蔓越莓”，但和杜鹃科的蔓越莓不同，它的果实是不可食用的。

黑莓盆栽

虽然被放在光照和通风条件都不太好的地方，但黑莓仍然每年都结果实。

花园改造

看看花园里哪些地方需要改造吧！

花园里有几处一直让我耿耿于怀：
大门旁的角落、一个有几分日式风格的花坛，
以及最让我烦恼的地砖上的青苔。
为了解决这几个问题，我花了很多时间和精力。

改造前

大门旁有点萧瑟的角落。

用砖头铺了一条小路。

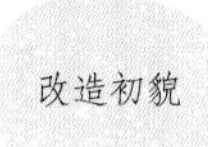

使用家里的旧物，没花多少钱和时间就完成了初步改造。

改造后

大概1年后，我用木板做了个架子，并重新配置了植物，曾经荒废的角落得以再次变身。

改造前

茶花等植物让这个花坛看起来带点日式风格，我一直想要改变这一点。我先买了一个100日元（折合人民币约7元）的花架放在花坛一角，效果虽然还不错，但感觉还是缺了点什么。接着，我试着把花架刷成白色，如此，这个花坛就成功变为欧美风啦！

改造后

改造前

为了击退青苔，我购买了新武器

地砖上长满了青苔，看起来湿漉漉的，还容易让人滑倒。

改造后

用高压清洗机足足冲刷了2小时，地砖才终于摆脱了青苔，展现出原有的样子。

雨过天晴，花园中各种植物的叶片和花朵仿佛带着光辉，很舒服的样子。上图背景处是丈夫送我的圣诞礼物——铁艺喂鸟器。

雨天也好，晴天也好

夏日的天气总是不可预料。

没有青苔的花园焕然一新，
让人心情舒畅。
用高压清洗机冲刷地砖时，
四溅的污水把花园里的植物都弄脏了，
我本来还有点担心植物的状态，
好在紧接着下了一场大雨，
植物就在自然环境中得到了全身沐浴。

翌日，
是一个大晴天，
夏日的天气就是这样阴晴不定。
还好有遮阳伞和舒展枝干的油橄榄，
为我们遮挡了炽热的阳光。
它们的荫蔽下是夏日花园的绿洲，
让人身心都放松下来。

没有青苔的地面真的好棒！处理青苔虽然辛苦，但是很值得。

打开遮阳伞后，平台的温度降低了很多，连屋内都变得清凉了一些。

为了让油橄榄结果，我挑选了3棵不同品种的栽种在花园中。

油橄榄略厚的叶片表面是深绿色的，背面呈漂亮的银白色。油橄榄种在花盆里时结了许多果实，地栽后却再也没开过花了。

这棵素馨叶白英拥有明亮的斑叶，看起来轻盈又凉爽。一般来说，素馨叶白英的花会从淡紫色慢慢变为白色，但这棵从始至终都绽放着白色的花。

要健康成长哦

带有清凉感的植物

酷暑之下，花园总透着几分视觉上的清凉感。

日本福冈县的夏天非常炎热，
从早上开始气温就节节攀升。
忍不住说着："好热，好热！"，
视线也不自觉地停留在
花园里那些带有清凉色彩的植物上。
看着这些植物，
好像拂面而来的风都有了一丝凉意。

白鹭莞从颜色到形态都充满了清凉感。

松果菊'绿宝石'。虽然价格略贵，但我还是没忍住把它收入自己的花园。

我很喜欢的长星花，它们在炎热的夏季也能持续开放。

绣球的花快要败了，玉簪的花朵悄悄地接上了花期。

优雅的万寿菊仿佛一点也不惧怕炎热的天气。

姜荷花是姜科植物，外形与荷花相似，煞是好看。有趣的是，它看上去像花瓣的部分其实是苞叶，是不是很具有迷惑性呢？

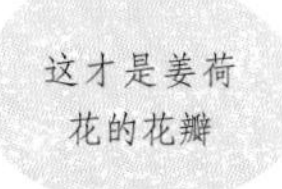

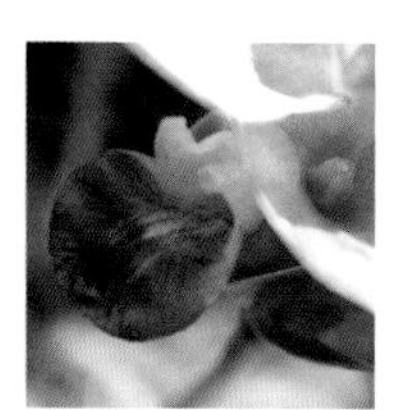

花色有些特别的矮牵牛。同一棵植株上开出的每一朵花都不同，花瓣上的花纹更是独一无二，让人怎么都看不厌。

金丝桃在初夏绽放黄色的小花，盛夏结出深红色的果实。这些富有光泽的果实看起来非常可爱。

盛夏

一边擦汗，一边浇水、除虫。

梅雨季一过，
日照就更强烈了，
像是要把万物都烤化一般。
家中的花园也已是一番盛夏景象，
仅是给植物拍照，就能出一身汗，
更不谈每天浇水了。
不过，看着花园中盛开的花朵，
我又充满了干活的动力。
这个时期还有一项重要的工作，
那就是检查虫害。
这对于讨厌虫子的我来说，
本是一件很痛苦的事。
但通过遭受虫害的叶子，
以及掉在植物周边的虫粪，
继而搜寻到敌人（虫子）身影的过程，
就像是一场寻宝游戏，
给我带来了不可思议的满足感。
炎热的日子还在继续，
一起打起精神，努力生活吧！

长时间的降雨和高温让花园里的植物和我都恹恹的，真是难熬的季节。

正午略显疲态的植物，到了傍晚都恢复了精神，让我松了一口气。

和外表不符的
顽强生命力

花坛里盛开的新风轮菜。它是唇形科植物，可爱的小花正对我胃口。

我对这种金鸡菊一见钟情，忍不住想把它们栽种在我的花园中。温柔的淡鲑鱼粉色真是治愈啊。

百日菊是我几年前突然爱上的植物，这几年，每年夏天的花园里都会有它们的身影。图中这种花色的百日菊是我最爱的品种‘水晶白色’。

组合盆栽中叶色稍显深沉的罗勒，它的花穗每天都在生长，花朵在盛夏开放，非常美丽。在一众因酷暑而无精打采的植物中，罗勒却精神饱满，我也要向它学习。

蜀葵‘查特重瓣’开花了，它的花瓣繁复华美，非常好看。可达2m的株高和略大的叶片让整株植物在花园中非常突出。

千日红可以说是夏日花坛的主角，它耐热耐旱，我每年都会栽种。

这个季节的花园绿意满满，在清晨的阳光中显得特别亮眼。

清晨的花园

夏日清晨的花园是另一个世界。

这天清晨，
屋外嘈杂的蝉鸣让我比平时醒得更早一些。
虽然只早了1小时，
但花园里仿佛是另一个世界。
和煦的阳光、清爽的空气，
让植物们熠熠生辉。
酷暑时节，
植物在上午10点前还能保持精神饱满的状态。
午时，大部分植物都变得蔫蔫的，
让人不由有些担心。
好在到了傍晚，
植物又恢复了清晨时的状态，
让人松了一口气。
转眼间，
已经到8月中旬了啊。

开着白花的鼠尾草看上去非常清凉，很适合夏日的花园。每年，它都会在花园里自播繁殖。

大戟科的白雪木能够在极为炎热的环境中若无其事地开花。与纤细的外表相反，它其实是一种非常坚韧的植物。

看上去很清凉吧

黄芩‘蓝火’的花可以从春天持续开到初秋，活力满分。

金鸡菊鲑鱼粉色的花朵在清晨温暖的阳光中看起来格外美丽。花谢后及时修剪，秋季它们还会再开一茬花。

彩叶植物

开花较少的时节，彩叶植物是不错的选择。

过了农历七月十五，
早晚的天气已经舒适了许多，
但中午的气温仍然居高不下。
高温下还能开花的植物相对较少，
彩叶植物就在此时脱颖而出了。
多年前，
我在花园中埋下了几颗紫叶酢浆草的种球，
此后，
酢浆草便逐渐出现在花园的各个角落。
锦紫苏也极具观赏性，
它品种众多，
不论叶片是明黄色的还是深紫色的，
都十分耐热，
是夏日花园中不可缺少的植物。

锦紫苏的彩色叶片

同样是锦紫苏，这一棵是暗黑系的，它接近黑色的紫色叶片非常别致。照片一角是叶片略泛银色的蜡菊，它和锦紫苏搭配的效果很棒。

拥有柠檬黄色叶片的是锦紫苏，长着深紫色叶片的则是酢浆草‘紫舞’。

这棵酢浆草的叶片呈紫色的三角形，观赏价值很高。仔细观察，你会发现它的花朵也很可爱。

大多数人购买阔叶山麦冬是被它美丽的叶片吸引，其实它的花朵也别具韵味。

斑叶植物或彩叶植物搭配新风轮菜和百日菊，让花坛显得亮丽多彩。

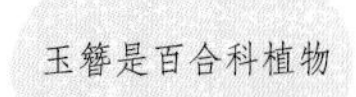

玉簪是百合科植物

沐浴在树荫处散射光中的玉簪。它的叶片非常吸引眼球，花朵虽然经常被忽视，但细看之下也很美。

夏之终曲

花园里的风，告知着季节的变化。

午间的高温还在持续，
早晚的气温已经变低了很多。
清晨浇水时，
我已经不怎么流汗了，
但在向阳处，
有时又仿佛回到了盛夏酷暑时期，
而背阴处，
拂面而过的风已经非常凉爽，
让人有种想要深呼吸的愉悦感。
时间在缓慢地向前走。
夜里，花园中会响起蟋蟀的叫声。
抬头望向天空，
蛾眉月盈盈挂在空中。
秋天快到了吧。

夏末的小花园

夏末的气温还是很高，我已经很久没有拿着相机到花园里拍照了。虽然花园里还有很多准备工作要做，但我此刻却提不起精神来。等天气再凉快一点也许就有动力了吧！

夏日花园里常见的百日菊。充满活力的它已经开了一整个夏天。

不惧酷暑、不惧风雨的锦紫苏。生命力这么顽强，明年夏天就在花园里种满锦紫苏吧！

鼠尾草‘朱唇’

每年都会自播生长的鼠尾草。如果花园里都是这样的植物，园艺劳作该多轻松啊！

虽然我并没有给予蓝花鼠尾草太多关照，但它还是开出了美丽的花朵。

Shiu's Gardening note 2

用绣球‘安娜贝拉’制作干花

绣球‘安娜贝拉’在每年的梅雨季前后盛开。把花留在枝头，让它们在冬天自然干枯，形成天然的干花。虽然这样自然形成的干花也很美，但我还是想要留有新鲜感的绿色干花，于是，我在‘安娜贝拉’的花朵变绿之后将其剪下，吊在起居室的高处，只需10天，绿色的绣球干花就完成了。接着，我又把制好的干花做成了花环。

在梅雨季前后绽放纯白色花朵的绣球‘安娜贝拉’。

绣球‘安娜贝拉’的花色会随着时间推移而改变，原本纯白的花会变成绿色，花瓣也变得更厚，这时就可以把花朵剪下来了。

为了让剪下的花朵更快变干，我把花球分成几小份，用晾衣架将其倒挂在通风好的地方。

自然形成的干花也有独特的美感。

把‘安娜贝拉’的花球剪下后挂在某个通风的角落做成干花也很不错。

干花很容易被碰坏，因此做花环时要格外小心。由于制作干花前把花球分成了几小份，所以花瓣看起来比较舒展。

Small Garden
In AUTUMN

秋日花园的乐趣

在花园中找到了秋天的印记。
红椋子（多花梾木）和蓝莓的叶子，
以及月季的果实都在慢慢变色，
月季的秋花也开始绽放。
季节之美就这样在眼前轮转。

花园里的红叶——红椋子的叶子每一天都在变化。

月季'藤冰山'的果实已经有点上色了。

在园中发现了红蜻蜓，已经是秋天了啊……

这是我之前就一直很想要的粉色打破碗花花。因为家里已经有了白色品种，而且也没地方种了，我就一直忍着没买粉色品种。但是看了网友上传的照片后，我还是忍不住跑去买了。好在最后找到了合适的地方栽种！

阳光与植物都带上了秋日的色彩。

春季的樱花、梅雨期的绣球、夏季的紫薇花、冬季的茶花，
以及秋季的桂花，都是季节性突出的花卉。
快要进入丹桂飘香的季节了，
月季的秋花逐渐绽放，
我家的花园就这样迎来了秋天……
夏天因为太热了，我很少在花园里干活，
接下来，我要对花园更专注一点才行。

阔叶山麦冬
可爱的双色果实

→

叶片带条纹的阔叶山麦冬每年都在秋季开花，从它的花朵就知道秋天来了。它的果实是带斑纹的，颜色会随着时间的推移而改变。

阔叶山麦冬的果实刚生长出来时呈现具有光泽的绿色，果实成熟后会慢慢变成黑色。这些光泽度极佳的黑色果实是秋季庭院的点睛之笔。

秋季紫穗狼尾草美丽的花穗。

夏天一来就开花不断的百日菊，在秋天的花坛里也要加油哦。

按部就班地为花园的新貌做准备。拔掉花期结束的一年生植物后，花坛里空出了一小片空间，在这里种点什么植物呢？

适合劳作的秋季到了

为了让花园变得更美而努力劳作吧！

我们家的小花园
迎来了适合劳作的秋季。
被逐一绽放的月季所刺激，
我决定重启自己的园艺模式！
现在，我满脑子都是花园的事，
不管是醒着还是睡着，
每时每刻都想着花园、花园、花园。

我突然想重整墙角的花坛，
那里日照条件不好，
我总想做些改变。
说干就干！
我拆掉了部分地砖，
以及花坛边缘的砖头，
开始拓宽花坛。
在改造好的花坛中填入腐殖土，
为植物们提供良好的环境。

小花园正展现着秋季的静美。蓝莓已经生出些许红叶，不愧是四季都能欣赏的植物。

好期待下次的组合盆栽

适合出游的周末，我却在家里清理变得乱糟糟的组合盆栽。

紫菀这种植物在路边很常见，说它是杂草吧，又有点可爱。我在一间素雅的园艺店里发现了紫菀的小苗，忍不住把它带回家精心养大。

改造前

为了拓宽花坛，我拆掉了砖头，并填入腐殖土。

↓

改造后

在花坛里种下从花园各处分株得来的植物，这是我一贯的风格。

秋季盛开的月季

降温后，月季不紧不慢地绽放。这时盛开的月季不会像春季时那样壮观，但也让人有机会注意到每一朵花的美。

盆栽的千叶兰的状态很不错，我前段时间刚修剪过。

为了给铁筷子换盆，我买了五种基质，将它们按比例混合，几周后再添加些固体肥，新的营养土就配置完成了。

为接下来的冬、春季做准备

趁早购买感兴趣的花苗。

秋天就这样突然到来，
园艺店的门口已经摆满了三色堇、仙客来
这类冬、春季开花的植物，
秋植球根花卉的种球也已经上架了。
花坛的植物每年都要更新2次，
分别在春天和秋天。
这次要种什么颜色的花呢？
我已经带着雀跃的心情，
开始挑选花苗和种球了。

我一直很喜欢的三色堇上市了，当然要毫不犹豫地买下来！拥有酒红色花瓣和白色花边的三色堇、绽放轻盈的粉色花朵的三色堇，还有花瓣全黑的三色堇，我决定把它们做成组合盆栽。

我在附近买了紫罗兰、假马齿苋等植物用来做组合盆栽。

在促销活动中捡到宝了！直径约为20cm的木质花盆，一个只需48日元（折合人民币约为3元）！三种颜色的我全买下了。

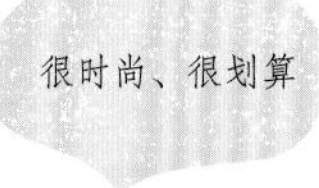

促销活动中买到的素烧花盆，直径约为21cm，价格只要398日元（折合人民币约为25元）。

据说郁金香的种球在最高温度低于20℃时种植比较好。虽然现在还没那么凉快，但还是要趁早抢购自己喜欢的品种。

以粉色为主色调

因为已经定下了“简单园艺”的目标，所以我买花苗时很克制，只买了三色堇、紫罗兰等14盆花苗。

我在各类三色堇中搜罗许久才找到的皱边品种。

这是另外一株带皱边的三色堇，花瓣是薰衣草色的，简直太棒了！

我在一堆三色堇中找到的皱边三色堇。

这次购入的高价商品是这个标签上写着‘穆兰皱边’的三色堇，据说它开出的每一朵花的颜色都不一样，真让人期待。

很适合组合盆栽的香雪球，为了契合主色调，我特意选了带粉色花的品种。

月季‘藤冰山’结了不少果实，可以试着把它们做成花环。原来秋天的月季还能这样赏玩啊！

深秋

植物和我都要为入冬做准备了。

早上起床后推开窗，
寒冷的空气一下子涌进室内，
窗外下起了秋雨，
让人忍不住打寒战。
雨后，
我到花园中看植物们，
它们挂着水珠的模样煞是可爱。
这时候的花园里，
最引人注目的是月季的红色果实。
这些散落在绿色中的点点红色，
为秋日的花园带来了几许灵动之意。
为了欣赏月季的果实，
我每年会选择几种容易结果的月季，
特意不修剪残花。
这样一来，
月季的果实就成了秋日的礼物，
我会把它们摆放在房间里或是做成花环赏玩。

下着秋雨，油橄榄的叶子被雨水打湿，看起来很漂亮。

仙客来顺利度过了2个夏天后，长出了美丽的叶子。换盆后就可以期待它的花朵了。

自然风干的花瓣像轻薄的蕾丝

把绣球‘安娜贝拉’的花留在枝头，秋天，花朵会自然变成干花。

雨滴在完全变红的月季果实上摇摇欲坠，看起来有些清冷。

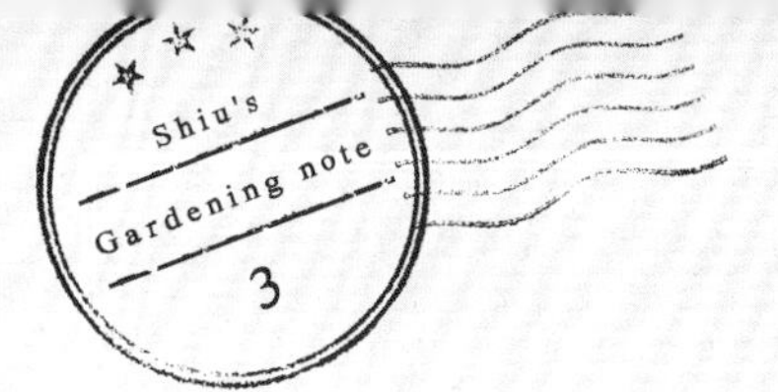

收纳园艺工具

我在玄关一侧的小道上安置了透明的多层收纳箱，其中收纳了大部分园艺工具。

我会把使用频率高的工具放在花园平台上。花园平台对我来说是很重要的休闲场所，因此我会尽量把放在那里的工具摆放得美观一些。

修剪月季时用的皮革手套、棉手套，还有橡胶手套等都放在这个桶里。

移植用的小铲子放在素烧花盆中，就算沾了一点土也没关系。

装鲜切花和营养土的塑料桶挂在墙上。

剪刀和麻绳等放在铁艺的篮子里。篮子底部铺了报纸，以防园艺工具与篮子之间产生剐蹭。

这是我一眼看中的旧铁桶，但因为漏水了，现在只能用作垃圾桶。

土和肥料一定要放在大木桶里，以免破坏花园平台的氛围。

Small Garden In WINTER

冬季花园的乐趣

被落叶覆盖，
痴痴等待春天到来的冬季花园。
月季‘芭蕾舞女’的果实已经变红了，
阔叶山麦冬的果实也变成了有光泽的黑色。
这些充满圣诞氛围的颜色，
不妨把它们放到花环里吧！

已经在家里养了3年的仙客来终于有花苞了。

用油橄榄的枝条做了1个花环。

重瓣的紫色铁筷子第一次开花。

冬季的色彩

在冬季，寻找暖色调。

冬季花园里，
很多植物的叶子都变色了，
蓝莓的叶子更是染成了深红色。

蓝莓非常适合我家这样的小花园。
它株型紧凑，
春天会萌生美丽的新叶
和铃兰般可爱的小花，
夏天会结出美味的果实，
秋、冬两季还有红叶可供欣赏，
每个季节都能带来独特的趣味。

除此之外，
多肉植物也开始变色了。

黑莓的叶子冬季会变黄，也很好看。

蒙大拿组铁线莲的叶子会变成这样的红叶。

几年前来到我家的仙人指，在10月末结出了小小的花苞。1个月后，花苞就长得这么大了。

蓝莓叶子完全变红了，叶片透着阳光，看起来非常美。

花园里的可爱访客。这种鸟叫北红尾鸲，初冬会从北方迁徙到日本。

冬季多彩的花朵

就算天气寒冷，
许多植物也依然元气满满。

本以为要下雪了，
谁知转眼阳光又照进了花园。
但不管是雪天还是晴天，
气温都非常低。
严冬就要到来了。

这个季节开花的植物比较少，
耐寒的鬼针草就在此时突显出来，
为略显萧瑟的花园增添了一抹亮色。

在这里分享一个能让三色堇长久开花的
小诀窍，
那就是及时摘除残花。
这个方法不只适用于三色堇，
也适用于其他开花植物。
如果不摘去残花，
营养就会被更多地用于结籽。

阳光下盛开的鬼针草。它是菊科的多年生植物，有一定耐寒性。鬼针草去年还是不起眼的小苗，今年已经变成一大丛，快成为冬季花园的主角了。黄色的花朵为寒冷的花园带来了明亮与温暖的气息。

在铁筷子盛开以前，我们可以欣赏三色堇的花朵。在这个久违的晴天，三色堇似乎又长高了一截。

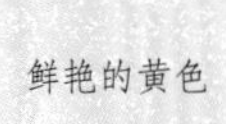

现在是洋水仙最美的季节，它们亭亭玉立的姿态非常美。

羽衣甘蓝非常适合微距摄影，看上去是不是很像一朵盛开的花呢？

冬季，对花园进行改造吧

劳作的时节，我每天都会肌肉酸痛。

冬季，大部分植物会落叶并进入休眠期。
修剪、牵引月季的枝条，
给植物换盆等，
花园里有做不完的事。
我家小花园内，
四周种着植物，
中间铺着砖头。
我想将中间的砖头挖一部分起来，
把盆栽的月季改为地栽种下去。

花园的改造从挖砖头开始。第一块砖头是最难挖起来的。

忙了近2个小时，挖了200块砖头。

改良土壤是必要工序。

用于土壤改良的腐殖土、牛粪堆肥和树皮堆肥。

将营养土配料混合在一起，搅拌2小时后备用。把砖头立起来当作花坛的边界，防止土壤流失。

把月季移植到花坛里，旁边再种几棵观叶植物和香草植物。以后还会慢慢添加其他植物。

这是打折买来的简易拱门，从拼装到安置共花了2小时。这样一来，花园的改造工作就完成了。

把挖出来的砖头堆放成一个置物架，感觉还不错

把依附在墙上的常春藤和薜荔除去，花园一下子明亮了许多。

和丈夫一起给爬藤架刷油漆。这个爬藤架是花园里唯一的奢侈品，得好好保养才是。

这棵别致的复色铁筷子是丈夫送我的礼物，开花性非常好。铁筷子的花朵能维持很久，开一次花能供人欣赏很长时间。

铁筷子

形态丰富、百看不厌的冬季花朵。

铁筷子的花朵形态多样，
有华丽的重瓣型，
有别致的单瓣型，
还有可爱的半重瓣型，
每一种都非常独特，让人百看不厌。
难怪越来越多的人喜欢它们。
不过，由于铁筷子的花头是朝下的，拍摄起来比较困难，
这就很考验拍照的水平了。

这棵铁筷子的花在紫色中带点灰色，圆润的花瓣看起来很可爱。

几年前买的粉色重瓣铁筷子，它的价格比月季和油橄榄还高，是我所有植物中最名贵的。

遇见这棵铁筷子后，我才开始爱上半重瓣的铁筷子，因此它对我来说很有意义。

这是我参观植物园时得到的礼物，深紫色的重瓣花朵美得超出了我的预期，简直太惊喜了。

淡绿色的单瓣铁筷子开花了，花瓣边缘有细细的线，非常别致。

种在花坛里的复色铁筷子，它的花瓣正在慢慢打开。

虽然已经告诫自己不要再买铁筷子了，但还是经不住诱惑，把这棵重瓣铁筷子买回了家。

这株花色温柔的复色铁筷子开花了。看上去像是花瓣的部分其实是花萼。

修剪铁筷子的老叶

每年12月上旬，我都会修剪铁筷子的老叶。虽然修剪老叶本身并不复杂，但为了防止病菌交叉感染，我会在每剪完1棵铁筷子后都给剪刀消毒，所以还是挺麻烦的。切记绝对不可以偷懒！

我家总共有30多棵铁筷子。以前，由于铁筷子比较怕热，我会在夏天将盆栽苗移到阴凉处；后来我决定尽量将其地栽，只剩5棵实在找不到地方栽种的铁筷子还待在花盆里。

检查铁筷子的健康状况

秋天，我会把铁筷子摆在平台有阳光照射的地方。到了12月，再修剪它们的老叶，让阳光能照射植株底部以促生花芽。

剪掉老叶后的铁筷子盆栽感觉清爽了许多。接下来，只需在施肥后等待它们开花了。

↓

仔细观察，你会发现饱满的小芽已经钻出土壤。

1个月后，铁筷子会长出这样的花蕾。真希望它们快点开花呀！

带斑纹的八宝景天状态有些不尽如人意，但是冷静下来仔细观察，会发现已经有很多新芽冒出来了。

春天的脚步声

花园里的植物已经做好了迎接春天的准备！

为月季操劳了整个冬季，
修剪、牵引、换盆、施肥……
月季的数量很多，
所以工作量很大，
但一想到这些劳作会换来春天的美景，
瞬间又干劲十足。
冬季劳作就这样结束了，
月季开始冒出红色的嫩芽，
等待春天的到来。
花坛里，秋季埋下的郁金香种球
已经有7颗冒芽了。
春天的脚步声仿佛就在耳边回响。

雏菊等待着春日暖阳。

香堇菜有了花苞，春天已经在到来的路上了。

这是我非常喜欢的报春花品种，我用微距镜头从各个角度拍摄。

成熟、优雅的三色堇非常美。

色彩丰富的香堇菜点亮了整个花园。

便宜的小物件
也可以改造得很棒

堆放在砖头上紧靠着西侧墙壁的，大多是些便宜的花园杂货。我并不是买来就直接用，而是会稍加改造，让这些杂货融入我的花园中。

充分利用每个小角落是小花园的准则。摆放在这里的水壶、壁挂装饰、园艺工具都经过了我的二次改造。

案例 1

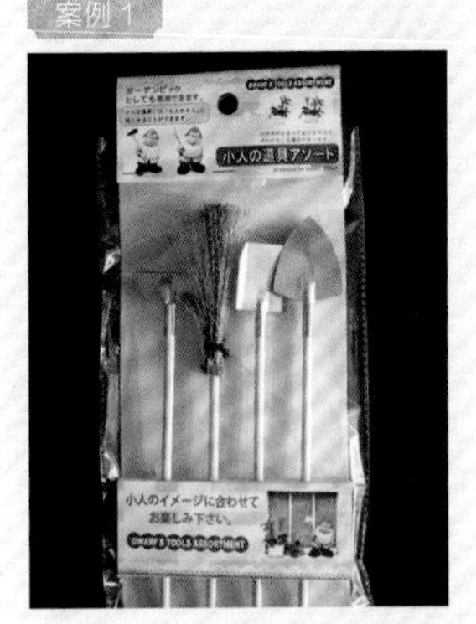

我在商店买的小巧的园艺工具，长约 20cm。

↓

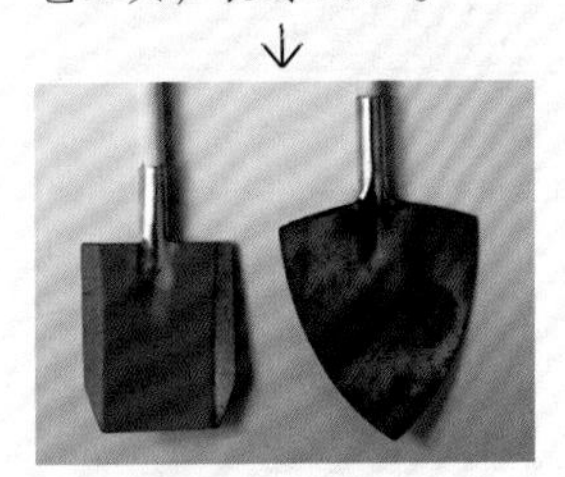

先把金属部分用火烤一下以改变它们的颜色。这幅图中，左边是没用火烤过的，右边是烤过的，颜色区别明显。

↓

园艺工具的手柄部分用油漆重新上色。我没有给扫把的手柄上色，感觉这样更好看。

↓

改造好的园艺工具变成了与植物更搭的复古色，是不是很好看呢？

这是打折时买的乡村风铁皮水壶。

→

先把它里外都涂上茶色，再在外面覆上象牙白色的油漆，贴上英文报纸，瞬间变成复古风。

这件挂饰看上去总觉得少了点什么。

这是很久以前买来的木质围栏。

↓

把围栏的尖头锯掉，涂上有些显旧的颜色，再把挂饰的吊牌用钉子钉在围栏上，做成了新的挂饰。

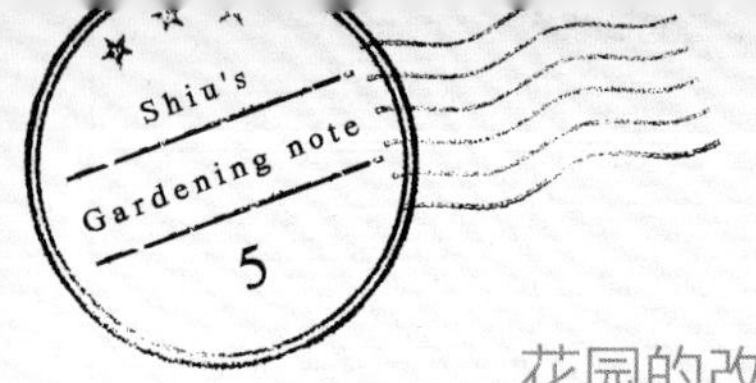

花园的改造历史

我家花园最早的照片是2000年春季拍的。那时候孩子还小，我希望花园里能有空地放塑料泳池或是放烟花，所以植物大多种在花盆里，方便移动。花园第一次大改动发生在2002年，我把草地改造成铺砖的空地，又沿着墙设置了4个小花坛。2010年，花园又经历了一些改造（详见P43）。如此一来，花园可谓大变样了。

2000年

这是我们入住两年半后花园的样子。为了保证孩子的玩耍空间，我在花园里铺上了草坪，植物以盆栽为主。

↓

2002年

这一年我们在花园里铺上了砖块。牵引到墙上的月季‘鸡尾酒’长得非常茂盛，花也很多。

↓

2011年

2010年，我将一部分石砖地面改成了花坛。拆下的砖块就堆放在墙边作为装饰，花园里地栽的植物变多了。

2003年

这是从起居室往花园看的景象。除了没有爬藤架，其他景致和现在差别不多。

↓

2011年

2005年，我委托园艺公司搭建了爬藤架，又自己设置了尖顶塔架等装饰，在花园中新添了几棵月季。

Roses in the small garden

花园里的月季

清晨推开窗户，

花园里的月季香气刹那涌进了房间。

在月季开放的季节，每一个清晨都很幸福。

花园里一共有31株地栽的月季，

20株盆栽的月季。

虽然冬季修剪和牵引的工作很繁重，

但一想到月季开花时的盛景，

我就充满了动力。

Watching the roses everyday

My Rose Diary

与月季相伴的365天

在寒风中修剪和牵引月季就是一年的开端，
此后，还要施肥、防治病虫害，
围绕月季的劳作要持续一整年。
虽然很辛苦，但是月季也会回报我，
每个季节都为我带来不同的感动。
在这一章中，我整理了不同月季的样貌。

‘藤冰山’

‘藤冰山’是直立型丰花月季‘冰山’的变种，也有人称它为“白雪公主”。仅看一朵花确实像“白雪公主”，花开一片时又让人联想到冰山，真是名副其实啊！

4月22日
把‘藤冰山’牵引到爬藤架上，花朵盛开时仿佛雪花翩跹起舞，看起来很优雅。

5月9日
虽然‘藤冰山’和‘冰山’的花形几乎一样，但我总觉得‘藤冰山’的花瓣更具透明感，让人心生喜爱。

12月15日
‘藤冰山’的果实逐渐变红。开花、结果……这就是自然啊！

‘亚伯拉罕·达比’

月季‘亚伯拉罕·达比’是以18世纪初活跃于英国工业革命的发明家亚伯拉罕·达比的名字命名的，它的香味非常突出，花径约为10cm，花朵颜色会根据季节的不同而发生变化。春季，它的花朵是杏色的，秋季的花朵则近似粉红色。

5月11日
‘亚伯拉罕·达比’的花朵很大，但是枝条很细，因此大部分花朵都是垂头的。

6月2日
它的香味和颜色都让人联想到水果味的牛奶。

7月27日
这棵月季本来只有一根枝条，现在终于长出新枝了。

‘安吉拉’

月季‘安吉拉’拥有鲜艳的粉色花朵，且一枝多头，每年都会开出大量美丽的花朵。它多季节开花，残花修剪掉之后马上会长出新的枝条，生出新的花蕾，开花性很好，是一种强健且易于栽培的月季。我家的这棵已经长得很大了，枝条被我牵引到爬藤架上。

4月28日
‘安吉拉’花径约为5cm，半重瓣，粉红色，微香。

5月8日
‘安吉拉’同一根枝条上绽放大量花朵，枝条都被完全遮挡住了。

‘依芙琳’

‘依芙琳’香味非常突出，可用来制作香水。它一根枝条上会开出数朵直径约为10cm的大花，花朵呈莲座状，中心的花瓣向内卷曲形成“纽扣心”，非常有魅力。

5月6日
‘依芙琳’的花混合了粉色和杏色，非常独特。

5月6日
‘依芙琳’盛开时花瓣层层叠叠，让人联想到旧时欧洲女性常穿的裙子，优雅而别致。

‘奥诺琳布拉邦’

‘奥诺琳布拉邦’是一种古老的波旁月季，它的花朵呈圆润的包子形，花瓣为丁香粉色搭配紫色条纹，极为独特。我将它种在口径30cm左右的花盆里，春天会开出很多花，秋天开花较少。

5月1日
它的花苞也有花纹，在一天内就会慢慢打开。

5月1日
花苞打开后，花瓣像随时会掉落一般晃晃悠悠，有一种脆弱的美感。

5月1日
‘奥诺琳布拉邦’个性十足又非常温柔，它花径只有6~7cm，能很好地融入到花园中。

‘黄金庆典’

‘黄金庆典’在欧月中花形较大，颜色近似棣棠花，呈亮眼的深黄色，花径在12cm左右，花朵多垂头，会散发出浓烈的水果甜香。

4月27日
圆鼓鼓的花苞很可爱。

5月1日
花萼已经展开了，还差一点就会完全绽放。

5月6日
我很喜欢这个品种，在花园中种了2棵，都栽种在花盆里，它们每年都会开出很多花。

5月10日
‘黄金庆典’盛开大概半日后花色就会从深黄色变成温柔的鹅黄色。

‘金绣娃’

这种柠檬黄色的月季在早春就会绽放，预示着即将到来的月季的盛花期。它波浪般的花瓣边缘给人以轻柔的印象。这个品种十分强健，开花性很好，单枝就会开五六朵花。

4月26日
我将‘金绣娃’牵引在玄关一侧的栅栏上，由于它花量太大，图中展示的只是其中一部分花苞。

5月3日
仅1棵月季就能有如此壮观的花量！单朵花的香味并不突出，但花开满株时，它的香味就这么四散开来，让人无法忽略。

‘香堡伯爵’

‘香堡伯爵’是一种古老的波特兰月季。它多季节开花，香味很迷人，花茎较短，花朵呈莲座状，中心的花瓣有一种繁复的美感。此外，它无光泽的浅色叶片也很美。我把它种在口径40cm的花盆里。

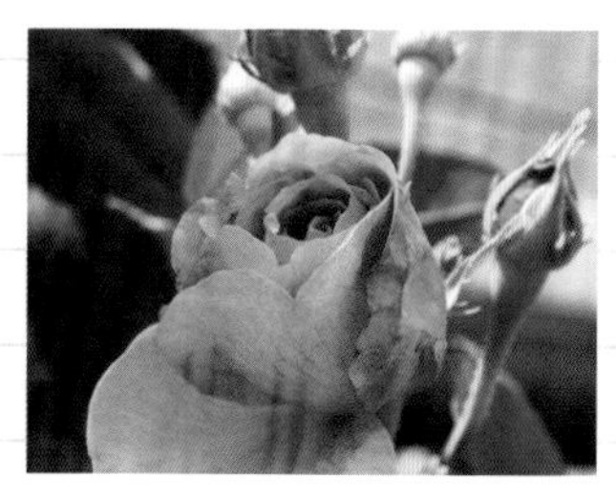

4月29日
‘香堡伯爵’丁香粉色的薄质花瓣慢慢打开，那种美，让观赏者忍不住惊叹。

11月29日
‘香堡伯爵’花谢后会长出这么大的果实。只有在11月才能同时欣赏到它的花苞、花和果实。

‘牧羊女’

‘牧羊女’是2005年在英国培育出来的月季品种，它多季节开花，花朵呈杯形，花径约为8cm，香味突出。可惜的是花朵的持久性很差，开花后不久就败了。

5月10日
‘牧羊女’初开时呈现出温柔的杏粉色，之后会逐渐变为淡淡的杏色。

12月22日
‘牧羊女’在天气较为寒冷时也能开得很好。这个品种不会长得过大，非常适合盆栽。

‘夏莉法·阿斯马’

月季‘夏莉法·阿斯马’是丈夫买回来的，他很喜欢它的香味，我将它栽种在口径30cm的塑料深盆里。‘夏莉法·阿斯马’花瓣较少，花朵呈轻柔的莲座状开放。它不耐热，直射阳光会晒伤花瓣，就像不爱晒太阳的大小姐。

4月28日
‘夏莉法·阿斯马’的花朵呈带有些许透明感的淡粉色，花苞的美感在我家的月季中排名第一。

10月16日
‘夏莉法·阿斯马’的秋花虽然有些小，但它独特的美还是让人无法忽视。

‘夏洛特夫人’

‘夏洛特夫人’是以月季‘格拉汉姆·托马斯’为母本培育出来的欧月，花朵的中心为深黄色，越往外颜色越淡。它的株型小，可多季节重复开花，香味也非常好闻。

5月1日
‘夏洛特夫人’刚开花时是如照片中这样的黄色，花朵呈杯形，大小适中，很有魅力。

5月7日
随着时间的推移，花朵会逐渐展开，花色也变成温柔的柠檬黄色。

5月7日
最终，‘夏洛特夫人’会变成淡奶油色，不过花形还是能保持完整的。

‘纽曼姐妹’

‘纽曼姐妹’是法国戴尔巴德月季的经典品种之一。这种包子形的大花月季有着优雅的深粉红色，开花时的样子优雅又迷人。

9月15日
大雨初歇，‘纽曼姐妹’的花苞仿佛马上就要展开了。这种成熟的颜色很适合这个季节。

10月20日
‘纽曼姐妹’的秋花比春花稍小一点，但颜色还是非常饱满的。

‘草莓山’

4月29日
冬季的劳作终于要看到回报了，但花园却在此时迎来了连续降雨。‘草莓山’的花瓣有点受损，楚楚可怜的样子。

5月4日
‘草莓山’的花朵会慢慢从杯形变成莲座状。

5月4日
盛开的花朵边缘呈波浪形，花色也会变浅，看起来就像是另一个品种的月季。同一品种在不同时期可以展现2种不同的美。

月季‘草莓山’的花苞和花朵颜色非常可人，让人联想到美味的草莓牛奶，它偏细的枝条上会开出很多杏粉色的花朵。我以前将‘草莓山’种在月季专用的塑料花盆里，改为地栽后，它就像藤本月季一样长得飞快。

‘西班牙美女’

4月22日
‘西班牙美女’花香浓郁，开花时甜美的香味会乘着春风飘散到花园各处。

4月29日
粉红色的大理石纹花蕾鲜艳欲滴。

‘西班牙美女’是一种大花月季，它的花瓣较少，带皱边的粉色花瓣松散地包围着花蕊，稍带透明感。它花瓣内侧的颜色比外侧更深一些，仅一朵花就能呈现出浓淡的变化。由于栽种在口径30cm的花盆里，因此它虽然是藤本月季却并没有长得很大，花量也不太多。

‘权杖之岛’

‘权杖之岛’的花蕾十分可爱，花瓣是漂亮的粉红色，造型圆润，花瓣数量较少，给人以轻柔的感觉。英国培育的月季大多垂头开花，这个品种的花朵则是向上绽放的，且可多季节重复开花，是月季中的优等生。

5月15日
从植株底部冒出2根新枝。我应该开心地留下它们吗？会不会是从砧木上长出来的呢？

5月15日
上方是新枝上生长的叶子，下方是老枝上生长的叶子，不论是叶形还是叶片数量都差别很大。

8月1日
‘权杖之岛’的花朵完全展开时能看到中间的黄色花蕊。

10月14日
果实慢慢成熟并染上颜色，像枇杷一样让人看着很有食欲。

‘索尼亚·里基尔’

金黄色、琥珀色、银色等交织在一起的复杂花色让月季‘索尼亚·里基尔’别具韵味。这个品种是以法国著名设计师索尼亚·里基尔的名字命名的，不论是颜色、形状、香味，还是开花性都很棒，是一件美丽的艺术品，但它的枝条总是横冲直撞、肆意生长，是个任性的家伙。

5月6日
‘索尼亚·里基尔’的颜色和形状非常完美，哪怕只是盆栽每年都能开出大量花朵。

11月12日
据说它秋花的香味会更加强烈，果真如此啊！

11月29日
气温较低时，花朵展开得比较慢，因此可以慢慢欣赏。

‘麦金塔’

5月3日
可爱的花苞已经开始膨胀了，花萼就像是兔子耳朵。

5月3日
心形花瓣打开后，露出了中间粉红色的“蛋”。

这种丁香粉色的月季花径约为8cm，花朵初期为杯形，之后会转变为莲座状，花瓣呈心形。它可以多季节重复开花，开花性非常好。此外，它的株型不太大，盆栽也能轻松管理。

‘帕特 · 奥斯汀’

4月25日
‘帕特 · 奥斯汀’的花蕾带有大理石纹，像糖果般可爱，我将它栽种在口径30cm的花盆中。

4月25日
‘帕特·奥斯汀’细长的枝条上，大朵的花垂头绽放。它的开花性很好，能一直开到晚秋。

月季‘帕特 · 奥斯汀’是以其培育者——大卫 · 奥斯汀的妻子的名字命名的，可见这是大卫 · 奥斯汀多么引以为傲的作品。它的花瓣外侧在橙色中透着古铜色，内侧则是深黄色的，十分耀眼，花形也比较大，让人印象深刻。

‘芭蕾舞女’

这种单瓣月季的花径只有3cm左右，淡粉色的花瓣轻柔展开的样子就像芭蕾舞女的舞裙，十分可爱。它可多季节重复开花，容易结果，因此在花后我会留下残花。

5月1日
‘芭蕾舞女’的开花性很好，每根枝条上都开满了小花，剪下来可以轻松扎成花束。

8月19日
它的花小，结出的果实也是可爱的迷你型。

10月24日
‘芭蕾舞女’的果实慢慢变红，快要成熟了。偶尔有阳光照在上面，闪闪发光，真是可爱。

‘龙沙宝石’

我是从‘龙沙宝石’开始爱上月季的，虽然它的香味比较弱，但开花性好，植株强健，是月季中的优等生。这个品种至今依旧是我的最爱，我的花园中有2棵，一棵种在玄关的拱门处，另一棵种在花园里的爬藤架旁。‘龙沙宝石’本是单季开花的品种，但因我家的植株已经很大了，偶尔也会重复开花，让人惊喜。

5月9日
‘龙沙宝石’圆圆的像桃子一样的花苞缓缓打开，淡粉色的边缘魅力十足。

5月17日
连续的阴雨天让花朵的颜色变得暗淡，但就算如此也已经足够美丽了。

‘哈迪夫人’

这种大马士革系的古老月季会在同一根枝条上盛开数朵花径7cm左右的小花，淡粉色的花朵会随着时间的推移慢慢变成带有珍珠光泽的白色，花朵中心则是绿色的花蕊。据说这是曾经担任过法国梅尔梅森城堡的园艺师——哈迪献给自己妻子的礼物。

5月1日
‘哈迪夫人’美丽的花朵、别致的花蕾，以及翠绿的叶片都极具魅力。

4月28日
仔细观察，你会发现‘哈迪夫人’的花蕾非常有特色，很像一种日本甜点——茶巾绞。

‘玛丽·罗斯’

‘玛丽·罗斯’是英国月季中最富盛名的品种之一。它亮眼的粉红色花瓣看上去像桃心一样，非常可爱。多刺的枝条肆意生长，细枝上也会有花苞，春季会大片开花。我家的‘玛丽·罗斯’重复开花性不太好，春天过后只能零星地开出几朵花。

2月27日
牵引在拱门上的老枝不断地冒出新枝。

5月3日
拱门上数不尽的月季花苞，好像下一秒就要一起绽放似的。

5月5日
我种了2棵‘玛丽·罗斯’，分别牵引在栅栏和拱门上。图中展示的是栅栏旁的那棵，它的花香让人迷醉。

7月6日
‘玛丽·罗斯’花瓣数量较少，开花时给人一种轻柔的感觉。

‘广播时代’

11月13日
雨滴停留在花瓣上，花朵仿佛也因寒冷而轻轻颤抖。

11月13日
这天从早上就开始下雨，月季的叶片上也沾满了雨水。

12月5日
捕捉到了‘广播时代’逆光的瞬间。

‘广播时代’的花呈现一种难以形容的、温柔的粉红色，花心的颜色较深，越往外颜色越浅。花朵盛开时，外侧的花瓣会向外翻卷。

12月23日
每一朵花的样子似乎都不太一样。

‘艾玛·汉密尔顿夫人’

5月11日
圆滚滚的包子形花朵非常可爱。它重复开花性好，会不间断地生出很多花蕾。

11月12日
‘艾玛·汉密尔顿夫人’的花蕾颜色别致，非常引人注目。

‘艾玛·汉密尔顿夫人’是英国月季中比较少见的复色月季，它株型较小，但开花性很好，一根枝条上会开出数朵花，总体来说是一种颜色、形态、香味都很完美的月季。

11月13日
迟迟不肯展开的花苞在温暖的阳光下终于开始绽放了。

月季病虫害防控对策

经常有读者问我："你的月季不长虫吗？""有什么防虫技巧吗？"但是，你看……

月季上有蚜虫呀！不仅是虫害，不少月季还会染病，但因我只选取好看的花来拍照，所以从我的照片里看不到月季生病的样子。虽然没什么自信，我还是介绍一下月季病虫害的应对方法吧。

在花园的各种植物中，我只给月季喷药。虽然也想尽量少使用农药，但为了让月季春天的花期更长，我会在初春给它们喷两三次药，其他季节只会偶尔喷一次药（大概2个月左右一次），一般将杀虫剂和杀菌剂混在一起喷洒。

但即使这样也不能完全避免病虫害。我每天都会检查花园里的月季，一旦发现患病的叶子就立即摘掉，发现虫子了，就用手或者一次性筷子抓走，就这样与病虫害战斗至今。

月季如果出现了病虫害，只要不是太严重，一般都不会立即枯死，因此我也不会太大惊小怪。其实我非常害怕虫子，直到最近才克服了心理障碍，能戴着手套把蚜虫捏死了。朋友调侃说："你这么怕虫子还能种花啊？"从我的例子可以看出来，就算怕虫子，也一样可以好好种花哦！

打理月季

养月季最耗费时间的就是冬季的修剪、牵引、施肥，还有就是给盆栽的月季换盆。这些虽然是每年都要做的事情，但由于花园里的月季较多，我常常需要四五天才能把这些事情全部做完。

这些花是给在寒风中站在梯子上劳作的自己的一个小奖励。把修剪掉的鲜花带回家让人倍感治愈。

修剪和牵引月季都离不开麻绳，我会把它放在铁罐子里，当我站在梯子上干活时，用强力磁铁把铁罐子吸在梯子上，方便使用。如此一来，就算梯子升到了1.5m，我也可以轻松获取麻绳。

把麻绳放到铁罐里，麻绳既不容易松散又便于取用。

用磁铁将铁罐和梯子固定在一起。

这个铁罐其实是个烟灰缸，将麻绳的一头从铁罐盖子的孔里穿出来。

把挂钩固定到墙上，再把月季的枝条绑在挂钩上。

The best photos of the roses

My Rose Album

我的月季相册

一旦开始种月季，我就想收集各种品种。
每年到了采购月季的季节，我都忍不住看着商品图册挑选不同品种，
于是，家里的月季变得越来越多……
虽然花园中有几棵月季因为生病被我丢掉了，
但大多数都在我的精心照料下开出了花朵，
接下来要展示的，就是月季们最美的瞬间。

The beautiful roses in my garden

〖‘格拉汉姆 · 托马斯’〗

英国月季的代表之一，鲜亮的黄色会在花朵绽放的过程中逐渐变得柔和温暖，花径8cm的杯形花朵可以轻易点亮整座花园。它会像藤本月季一样长出较长的枝条，春季大量开花，其他季节零星开花。

〖‘玛格丽特王妃’〗

花色是橙色与杏色混合而成的，远看像是橙子味的冰淇淋球。它的花朵呈规整的莲座状，带有清新的水果香味，花朵褪色后也显得非常柔美。深绿色的大叶片也是这个品种的特点之一。它会像藤本月季一样旺盛生长，春季花量很大。

〖‘遥远的鼓声’〗

绝妙的复色花瓣让人不禁感叹大自然的鬼斧神工。这种花瓣圆润、平展开放的月季会因为季节和花开程度的不同而展现出各样的美。可惜，‘遥远的鼓声’的花朵在日本福冈县的气候条件下很快就会完全展开，我不得不珍惜每分每秒收集它们的美丽瞬间。

〖‘朱莉娅的玫瑰’〗

花色很像奶茶色，个性十足，是少有的杂交茶香月季，也是很受欢迎的切花品种，我被它独特的颜色所吸引才将其收入自家花园。然而，它的花朵一旦完全展开就会变得过于平展而难以维持美感，花瓣也会慢慢褪色。

〖‘威廉·莫里斯’〗

这种英国月季会在一根枝条上开出数朵花径7cm左右的莲座状花朵，刚开放时是鲑鱼粉色，之后慢慢变为杏粉色，最后变成淡粉色。一般来说，月季刚绽放的那一瞬间是最美的，但这种月季可能是例外。右边这张小图是它刚刚绽放的样子，你们觉得什么时候更美呢？

〖‘古董蕾丝’〗

这种切花月季的人气高涨，带皱边的花瓣看起来十分优雅，让人想到复古的蕾丝裙，也算是名副其实。它的花朵在多头切花月季中算是很大的了，花径约为6cm，花朵齐齐开放时，一根枝条就是一束花。

〖‘无名的裘德’〗

这种圆滚滚的包子形月季刚开花时是杏黄色的，之后会慢慢变为一种很温柔的淡黄色。它散发着浓烈的水果香味，能多季节重复开花。不过，这棵月季染上了根癌病，我只能遗憾地把它处理掉了，它曾是我最爱的月季之一。

〖‘科尼莉亚’〗

这是花径只有4cm的小花月季，樱桃般的花蕾看起来非常可爱。我把它种在口径30cm的花盆中，经过数年的生长，它的枝条已长达2.5m。花败后花朵不会自动掉落，而是变成茶色留在枝头，因此每一朵都需要我动手剪掉。为了方便修剪，我把它的枝条牵引在较低的位置。

‘塞巴斯蒂安·克奈普’

‘塞巴斯蒂安·克奈普’的花杏色中带粉色，具有一种透明感，看起来很优雅，让人着迷。花朵呈莲座状，花径8cm左右。随着时间的推移，花色会慢慢褪去，凋落前花色已接近于白色。这个品种会从春季到秋末一直重复开花。

‘仁慈的赫敏’

这个品种的名称取自莎士比亚的著作《冬天的故事》中的王后的名字，仅是花苞就有惊人的美感，杯形花朵直到凋零前都不会散落。它生长旺盛，秋花的美更是难以用语言描述。

‘白米农’

‘白米农’一根枝条上能开出数朵花径为5~6cm的莲座状小花，且花形能保持很久，观赏期很长。它耐涝、抗病性好、重复开花性好，唯一的遗憾是几乎没有香味。

‘白雪公主’

这种微型月季有着纯白色圆润的花朵，一根枝条上能开出很多小花，可以持续开花到冬天，青柠绿色的花蕾也很好看。‘白雪公主’可以用花盆栽种，能与很多植物搭配，很适合组合盆栽。

The beautiful roses in my garden

〖‘遗产’〗

‘遗产’一根枝条上会开出数朵花径约为9cm的杯形花朵，虽然其花朵的持久性较差，但可多季节重复开花，开花性较好。它清纯、含蓄的样貌获得了很多人的喜爱。

〖‘娜荷玛’〗

这是以娇兰香水命名的月季品种，香味浓烈而特别，带透明感的粉红色花朵会从杯形逐渐变成莲座状，是一种强健、容易养护的藤本月季。它的秋花数量会比春花少一些，颜色也相对淡一点。

〖‘皮埃尔·欧格夫人’〗

这是一种很受欢迎的古老的波旁月季，花形非常圆润，刚开花时淡粉色的花瓣仿佛透着光，随后会慢慢变为深粉色。‘皮埃尔·欧格夫人’会抽生很多细长的枝条，重复开花性好。

〖‘小伊甸园’〗

‘小伊甸园’白色的花苞展开后，花朵的中心慢慢变成粉红色；花径5cm左右，一枝多头，视觉效果非常好，是一种很受欢迎的切花品种。它的花形十分可爱，就像是从绘本中走出来的一样。我将它栽种在口径18cm的花盆里，但严重的白粉病导致植株非常弱小。

‘漂亮的杰西卡’

株型较小的英国月季，我把它种在花盆里，不管什么时候去看它都在开花，是一种重复开花性非常好的品种。它的花径9cm左右，花瓣紧紧地簇拥在一起，在冬季之前会持续开花，有着英国月季特有的香味。

‘路易欧迪’

花朵刚刚绽放时呈浅浅的杯形，之后慢慢变成花瓣反卷的莲座状。它很容易从基部生出新枝，枝条较为柔软，我把它种在花园的西墙边，用挂钩将枝条牵引到墙上。如此一来，本来有些萧瑟的墙壁会在‘路易欧迪’开花时变得十分华丽，还能闻到阵阵花香。

‘维多利亚拉赖因’

这种古老的波旁月季花苞就散发出好闻的香味，粉色中微微透着蓝色，非常有魅力。它的花径约为7cm，花形圆润不易松散。我把它种在口径30cm的花盆里，每年都能欣赏到很多花。

‘月月粉’

每年，我家花园里花开得最早的就是这种中国月季，可谓拉开了月季花期的序幕。这种松散的半重瓣月季是粉红色的，花色的浓淡变化十分动人。它的刺较少，花香沁人心脾，春花和秋花都魅力十足。

‘格特鲁德·杰基尔’

一种非常美丽的粉色英国月季，花朵刚刚开放时为杯形，随着时间的推移慢慢变成浅莲座状。它的香味非常突出，在英国常被用来制作月季精油。春季花量大，此后只会零星开花。

‘布莱斯威特’

‘布莱斯威特’拥有鲜艳的大红色花朵，从花苞期到盛花期都能保持完美的花形，花朵刚绽放时略呈杯形，之后逐渐变为莲座状。该品种比较强健且重复开花性好，从春季一直到秋季都能不断开花，我把它种在口径30cm的花盆里。

‘威廉·莎士比亚2000’

‘威廉·莎士比亚2000’开深红色的花朵，照片里的花色显得明亮一些，花朵呈杯形，香味极佳，重复开花性好。该品种不会长得很大，所以很适合盆栽。

‘弗朗西斯·杜布鲁尔’

‘弗朗西斯·杜布鲁尔’开天鹅绒质的深红色花朵，重复开花性好。春季会开出优雅的暗红色花朵，随着气温的升高，花色会变得更加明亮；秋季则会开出花形饱满、花香四溢的绝美花朵。

制作花束

有时我会把花园里盛开的花剪下来，做成花束稍加装饰后送给丈夫的同事和职场上帮助过他的人。制作花束一般要先摘掉枝条上受损的叶片，用橡皮筋将花枝捆成一束，再用沾了水的纸巾包住枝条的切口处，最后用包装纸将花束包起来。现在花泥已经很好买了，因此我可以在家轻松制作简单的花艺作品。

我从月季‘广播时代’‘夏莉法阿斯马’‘自由精神’上剪了几枝花送给丈夫一位喜欢花的同事。听说他收到花后很高兴。

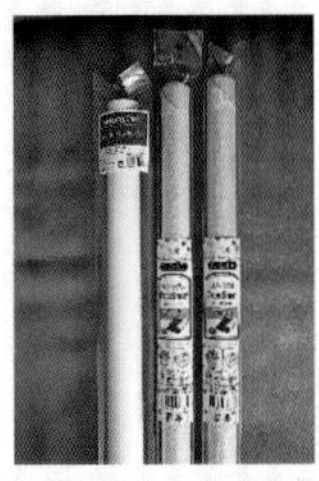

这是制作手捧花时使用的包装纸。

用月季‘龙沙宝石’‘冰山’‘白米农’的花做成的花束。

这些是以月季为主要花材做的小型花束，是送给二女儿同事的小礼物。

将月季、铁线莲等花材用花泥固定，送给对我们照顾颇多的朋友。

将各种铁筷子剪切下来做成花束送给相熟的客户。包装时除了使用包装纸外，还用了无纺布。

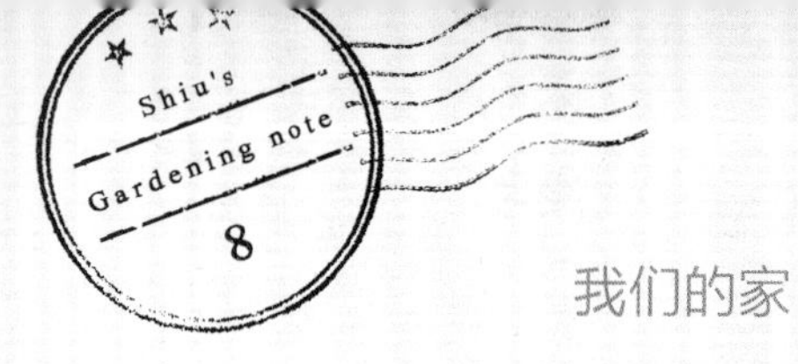

我们的家

1997年11月4日，我们搬到新家。搬家前，我处理了一些用处较少的东西，只留下了那些必需品。搬家后，家里的东西慢慢变多。2010年，我感到家里变得有些拥挤，便下决心再做一次清理，让家得以保持简洁，而家人也能保持很好的心情。这么多年过去了，当初崭新的房子里已经有了许多污渍和划痕。我想要过好人生的每一天，希望10年甚至20年以后还能自信地对别人说，这个家是我最喜欢的地方。

黑胡桃木的电视柜与电脑桌。椅子是找家具店定做的。

约 25 ㎡ 的客厅和餐厅，南面的窗户正对着花园。沙发、原木餐桌、丈夫在结婚纪念日送我的马克·夏加尔的画……家里的一切我都非常喜欢，对我来说这真是一个宜居的舒适空间。

餐厅和厨房连接处的吧台上有一个置物架，其上摆放着杂货、日历等。

这是从跳蚤市场上买来的彩色玻璃瓶，我们家的装饰大多是这样随意混搭的风格。

Enjoy the container gardens

用盆栽点亮花园

我的园艺生活，
是从阳台上的一盆花开始的。
刚搬进新家时，
孩子还小，
花园里的植物以盆栽为主，
一家人从中获得了不少乐趣。
将很多植物改为地栽后，
我们在大门附近和平台上，
还是摆放了许多组合盆栽，
这为我们的生活增添了很多趣味。

Gallery of my

Container Gardens

组合盆栽的乐趣

制作季节性的组合盆栽是我最喜欢的园艺活动之一。
春季可以做一些到秋季也能欣赏的组合盆栽，
秋季则要让组合盆栽的观赏期一直保持到翌年春天。
思考怎么把各种花苗组合起来是一件十分有趣的事情，
因为每次完成一件“作品”我都能获得无限满足感，
这也是对心灵的“充电”。

白色系组合盆栽

各种各样的白色，营造出雅致、沉稳的氛围。

临近我生日之时，
大女儿送了我一个
造型独特的红陶盆，
平滑的曲线演绎出手工制品的妙趣。
为了购买栽种于这个红陶盆的花苗，
我特意去了一趟花市，
买回来的大多数是白色系的花。
出发前，
我设想的是用古铜色叶片搭配
酒红色花朵的组合盆栽。
但是，
一见到报春花‘温蒂’，
我立马改变主意，
决定制作白色系的组合盆栽了。

植物列表

重瓣紫罗兰
斑叶白花的蓝菊
报春花‘温蒂’
雪朵花
重瓣型报春花

这是2月完成的白色系组合盆栽。虽然植物以白色为主，但质感上还是有细微的区别，株型也不尽相同。就算是同一色系的植物也能打造出富于层次感的作品。

我在花市看到了这株报春花‘温蒂’，对它白中透着绿意的可爱小花一见钟情。

为了打造白色组合盆栽特意买回来的各类拥有白花和白色斑叶的植物，真期待这次的作品啊！

略显成熟风格的白色报春花，重瓣花型让组合盆栽显得更加丰满，对于冬春季的组合盆栽来说非常实用。

红色系组合盆栽

用耐热的植物打造独特的夏日色彩。

我在许久未去的园艺店里
发现了颜色很独特的金光菊，
于是，
以它为主角制作了组合盆栽。
前方的金鸡菊也是在同一家店购买的。
此外，
还买了开粉红色花朵的藿香
和叶色别致的银叶菊。
我本想制作更适合夏天、
有强烈视觉对比的组合盆栽，
但因为不敢冒险，
再加上预算也有限，
最终的成品和往常的差不多，
没有什么亮点。

植物列表

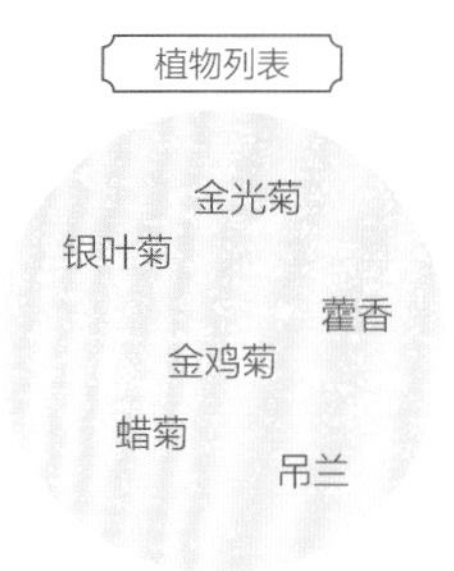

这是8月制作的组合盆栽。开粉红色花朵的藿香非常耐热，很适合夏季的组合盆栽，生长着银色叶子的是银叶菊。

金光菊是一种强健的菊科植物，大多数金光菊是黄色的，但这次购买的是少见的深红色品种。

这是组合盆栽的整体照片。我把植物种在我非常喜欢的陶盆里，前方的蜡菊和吊兰是从花园里的植物上分株而来的。

金鸡菊花期一直从春季延续到秋季，它的颜色很多，耐热性强，非常适合少花的夏季花园。

紫色系组合盆栽

各类草花在初夏的风中轻轻摇曳。
石头花、风铃草‘凉姬’、
蓝花鼠尾草、半边莲，
以及我非常喜欢的长星花，
一起打造了这个组合盆栽。
有的植物还没有开花，
导致成品看上去有些萧瑟。
虽然季节性的组合盆栽应该各不相同，
但由于我总根据自己的喜好购买植物，
因此做出来的组合盆栽总是有些相似。
下次一定要尝试其他风格才行。

植物列表

云锦灰雀‘布瑞斯咚’
蓝花鼠尾草
风铃草‘凉姬’
长春花
长星花
半边莲
石头花

这是5月制作的以清爽为主题的组合盆栽。叶片带茸毛的云锦灰雀‘布瑞斯咚’既耐热又耐寒，非常好养。

薰衣草色的石头花对于我来说实在太有魅力了，它们随风摇曳的姿态带来阵阵凉意。

从初夏到秋季，蓝花鼠尾草不间断地绽放清凉感十足的蓝紫色花朵，连花茎都是紫色的。它不需要太多照顾，花也能开得很好。

风铃草‘凉姬’也是一种让人感到很凉爽的植物，它可以不间断地开出花径2cm左右的星形花朵，观赏期很长。

多彩的组合盆栽

我会根据不同季节考虑配色。

在季节轮转中不断更新组合盆栽。
每次制作新的组合盆栽时，
都要把花盆里原先的植物全部拔掉，
实在有些可惜了。
有时我会剪下还在开放的花朵，
将它们带到室内作为插花欣赏到最后一刻。

秋季制作的组合盆栽到了来年春天会大变样

这是去年秋季制作的组合盆栽，今年春季已经非常繁盛了。过了这么长时间，三色堇依然保持得很好！

植物列表

三色堇
三色堇
龙面花
鹅河菊
朝雾草

这是 10 月制作的组合盆栽，主题是“复古而优雅”

用拥有黑色果实的彩椒、鼠尾草‘胭脂’等色彩成熟的植物打造的组合盆栽。

植物列表

美国薄荷
彩椒
红龙蓼
半插花
鼠尾草‘胭脂’
‘灰姑娘’

秋日的组合盆栽，连彩叶植物也选择了秋色系

我特意选取了很符合秋日意境的鸡冠花、绿苋草等植物。照片看上去有些明亮，实际上，实物很有秋日的氛围。

植物列表

鸡冠花
苔草‘褐色卷毛’
绿苋草
绿苋草
筋骨草

梦想中的花篮

我很喜欢大女儿送我的这个陶盆，便以花篮为主题制作了组合盆栽。这是植物刚种下去的样子，看上去还有些萧瑟，期待爆盆的那一天。

植物列表

滨菊
三色堇
绵毛水苏
扶芳藤
角堇
庭荠

突出花盆的外形，制作极简的组合盆栽

早春，在这个造型奇特的素烧盆里，种上尚未开花的蓝菊和白、粉两色雪朵花。

植物列表

蓝菊
雪朵花

组合盆栽的制作技巧

制作组合盆栽时，要充分考虑植物今后的生长空间，不要把植物塞得满满当当的，刚种下去时看起来有些稀疏就好。我常常会在植物刚种下去时就拍照记录下来，因此许多组合盆栽的照片看上去都不够饱满。但随着时光流逝，植物会慢慢长大，并以自然的方式交融在一起。

这个花盆中栽种了鬼针草、龙面花、紫罗兰、三色堇、香雪球，看上去稍显空荡。

→

4个月后，植物们纷纷生长开花，把花盆的每一个角落都填满了。

挂式组合盆栽

用吊篮也能制作组合盆栽。

在铁艺的篮子里铺上椰棕丝，
就形成了一个简易的吊篮。
因为吊篮往往悬挂在与视线平行的地方，
观赏者能很清楚地看到花朵的形态，
所以我通常会在其中种一些株型较矮、花形较小的植物，
如此一来，吊篮看上去就像一个装满花的篮子。
这种吊篮的透气性很好，
但土壤也相对容易干燥，
要注意防止植物缺水。
将它们挂在栏杆或者门上时，
我会用扎带固定，
这样既能防止吊篮摇晃，
也能防止小偷将它们偷走。

集合了三种春色盎然的植物

这是4月做的组合盆栽，其中栽种了形似玛格丽特菊的假匹菊‘非洲眼’、开杏粉色小花的假面花，以及生长着银色叶片的云锦灰雀‘布瑞斯咚’。

植物列表

假面花　假匹菊‘非洲眼’

云锦灰雀‘布瑞斯咚’

为春天打造的组合盆栽

这是11月制作的组合盆栽，其中有柳穿鱼、香雪球和2种三色堇。大约1个月后，花盆里的各种植物就能很好地融合在一起了。

植物列表

柳穿鱼

三色堇　三色堇

香雪球

有挑战性的组合盆栽

这张照片其实就是P80下方的组合盆栽。植物栽下一段时间后显得有些杂乱，于是我将三色堇换成新的颜色，组合盆栽的整体风格就发生了改变。

植物列表

柳穿鱼
三色堇　三色堇
香雪球

梦幻般的组合盆栽——挂式花环

我在园艺店淘到的铁艺花环中种上了各种花苗。因为都是打折时购买的，这个充满梦幻色彩的挂式花环并没有耗费太多钱就完成了。

植物列表

仙客来
长春花　长春花
银叶菊　雪朵花
扶芳藤　羽叶甘蓝
羽叶甘蓝　香雪球
香雪球　扶芳藤
仙客来

花费很少就能完成的挂式组合盆栽

这种挂式组合盆栽极其经济实惠。铁艺篮子和椰棕丝加起来只要210日元（约13元人民币），栽种其中的花苗是在家附近的花市购买的。2月末，很多花苗都在打折促销，3棵角堇150日元（约9.5元人民币），报春花1棵80日元（约5元人民币）。将这些性价比极高的小玩意集合在一起，让它们慢慢变得更加好看吧！

铁艺篮子有很多尺寸，我买的是中号（最大内径35.5cm，深17cm）。

这个盆栽中种植了3棵深色的角堇，感觉有些空，又种了1棵报春花。

玄关处
组合盆栽随季节更迭而改变

在玄关一侧，
我摆了一个自己非常喜欢的陶盆，
其中混合栽种了几种应季草花，
用因时而变的组合盆栽
迎接每一位来家里做客的人。
花盆中的植物一年会更换2次，
一般是在春、秋两季进行。
当春季种下的植物已经长大，
应季的草花谢幕后，
是时候在花盆里种上新植物了。
我用照片记录了这半年的变化。

植物列表

尤加利树
香彩雀　紫罗兰
银叶菊　金鱼草
阔叶山麦冬
马蹄金　三色堇
角堇　香雪球

这是12月5日拍的照片，此时距离为组合盆栽更换植物已经过去了约1周的时间。花盆中栽种了角堇、香雪球等植物。

7月，将可以度夏的植物种到花盆中。植物刚刚种下去，看上去还有些稀疏。

→

经过夏季的修剪后，9月组合盆栽已经变成这样了，似乎有些乱糟糟的。

↙

不少植物已经枯萎了，这就是11月的组合盆栽。

→

决定替换植物后，我拔掉了夏季开花的一年生植物，只留下尤加利树。

→

尽量把旧土清理干净，换上新的培养土，再种上新的植物，组合盆栽又焕然一新啦！

用于迎宾的组合盆栽

本来放在玄关处的组合盆栽，
有一天突然被偷走了。
从那以后，
我打算不在那里摆放盆栽了，
只在墙上挂了一个能牢牢固定的吊篮。
但是，没有组合盆栽，
门口又总显得空荡荡的，
于是，我还是决定再放一个盆栽在玄关处。
我找来闲置很久的花盆，
种上新买的和花园里原有的植物。
这次的成品，
是一个略显稳重的组合盆栽。

植物列表

绵毛水苏
异色鼠尾草
金鱼草
巧克力波斯菊
美女樱
半边莲
紫叶过路黄

异色鼠尾草、美女樱、金鱼草、半边莲是新买的花苗，其他植物是花园中原有的。

如何防止盆栽被偷

门口的组合盆栽被盗以后，我想了很多方法来避免同样的事情再次发生。终于，我想到了不会影响盆栽美观的防盗方法：把金属杆事先放到花盆中，用铁丝绑紧并从盆底的排水孔中穿过去，再用锁链把铁丝和大门锁在一起。这样应该能安心了吧！

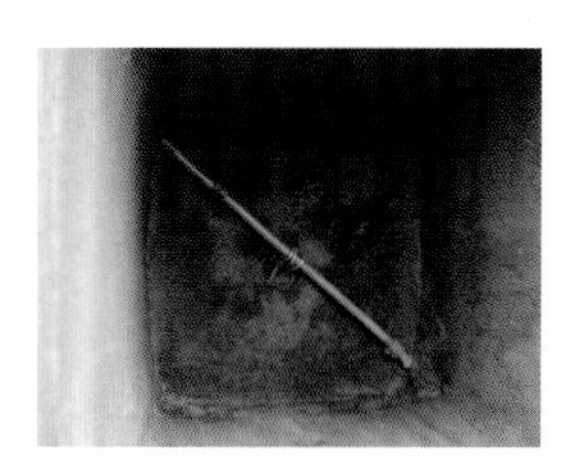

把金属杆锯成合适的尺寸放进花盆中，用粗铁丝把金属杆绑起来。

把铁丝从盆底的排水孔穿到花盆外，接下来就可以正常制作组合盆栽了。

制作完成后，用锁链把粗铁丝固定在门上。

组合盆栽的变化

组合盆栽做好后，
有的植物生长旺盛，
有的植物则长势较弱，
随着时间流逝，
盆栽整体的平衡会被打乱。
这时并不需要把所有植物都换掉，
可以留下状态良好的植物，
再加入应季的草花，
让盆栽焕然一新。

我对这种罗勒的独特叶色一见钟情。

新买的植物是很适合夏季观赏的黄色金光菊、罗勒和已经开出少量紫花的鼠尾草等耐热植物。

改造前

→

改造后

月初时刚制作出来的样子

P83介绍过的组合盆栽，可以留下的植物有异色鼠尾草、棉毛水苏、紫叶过路黄。

植物列表

绵毛水苏
异色鼠尾草
金鱼草
巧克力波斯菊
美女樱
半边莲
紫叶过路黄

7月换新后的夏天版本

后方较高的3种植物是新买来的。此外，我还从花园里分株了圆叶过路黄、假匹菊‘非洲眼’等替换了一些盆栽中低矮的植物。

植物列表

异色鼠尾草　罗勒
金光菊　绵毛水苏
假匹菊‘非洲眼’
鼠尾草　美女樱
紫叶过路黄
圆叶过路黄

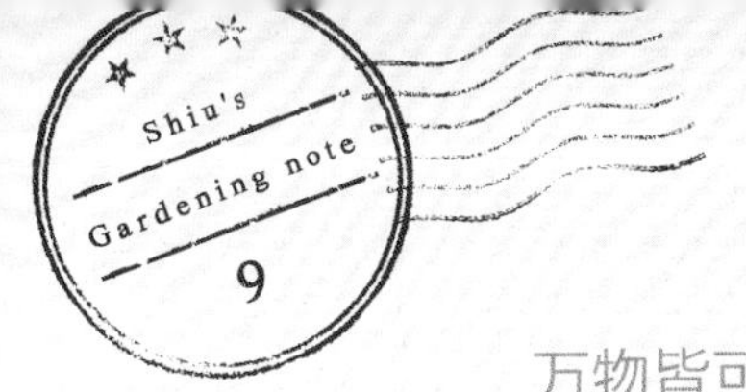

万物皆可变花盆

只要能放土、能排水，
就什么都可以用作花盆。
如果是底部没洞的金属容器，
我会用低价购买的电钻自己给盆底钻洞。

在铁质花盆和铁桶底部钻好排水孔，种上草莓‘夕风’和盾叶天竺葵。

给现有的一些铁罐钻排水孔。之前我用粗铁钉和锤子打孔，铁罐底部总是坑坑洼洼的，现在可以用电钻轻松打孔了。

为铁桶打孔后种上百里香，瘦高的铁桶很适合种植可垂吊的植物。

在商店买了小型铁艺篮子和简约麻质束口袋。

↓

把麻质束口袋剪一块下来，铺在铁艺篮子里，再种上多肉植物，如此可爱的组合盆栽就完成了。麻布的透水性很好，很适合种植多肉植物。

这是很早以前购买的铁制水壶和铁罐，它们很适合种植多肉植物。

只要垫上一层麻布，什么都能变成花盆。便宜购入的铁罐与可垂吊的植物很配。

My favorite
Succulent Plants

发现多肉植物的美

多年前，当朋友送我多肉植物的时候，我总有些兴致不高。

后来，我看了一些介绍多肉植物的文章，

突然对它们非常感兴趣，真是神奇啊！

于是，我的世界掀起了多肉植物的浪潮。

我探访了很多店，陆续购买了各种多肉植物，来一起欣赏吧！

多肉植物的组合盆栽

和杂货一起展示多肉植物吧！

自从爱上了多肉植物，
每次去花市，
我都会先冲向多肉植物专区。
人可真是多变啊！
购买了新的多肉植物以后，
就可以用它们制作组合盆栽了。
曾经有读者问我：
“有什么能让多肉植物看起来更可爱的
方法呢？”
虽然它们摆在一起本身就很可爱了，
但如果能与杂货搭配，
可能就更让人爱不释手了吧！

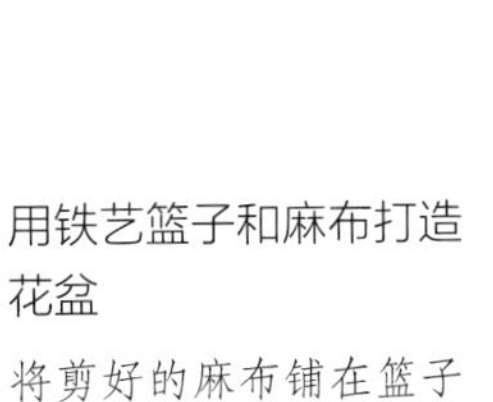

用铁艺篮子和麻布打造花盆

将剪好的麻布铺在篮子里，再种上多肉植物，一个可爱的组合盆栽就完成了。

天气不好的时候，就让多肉植物治愈你吧

这天风很大，我决定在花园平台上用多肉植物做组合盆栽。用喜欢的多肉植物填满铁艺篮子，轻轻松松就大功告成啦！

用分株培育的多肉植物制作组合盆栽

剪下多肉植物的枝条，扦插在底部有孔的水壶形容器里。45天后，这些多肉植物长势喜人。

多肉植物也有美丽的红叶

冬季，有的多肉植物会变红。这是一种叫‘火祭’的品种，它会在冬季变成火焰一样的颜色。

素陶盆的艺术

把表面有茸毛的多肉植物‘星兔耳’和‘千兔耳’种在花篮形的素陶盆里，2个颜色不同的迷你花盆摆在一起，别有一番意趣。

分株得来的多肉植物盆栽

这个盆栽中使用的多肉植物也是通过扦插得到的，多肉植物的生命力真旺盛啊！

铁罐与多肉植物的组合

只要能装土、排水，什么容器都能成为花盆。在铁罐底部钻五六个排水孔，再在其中种上各种多肉植物。

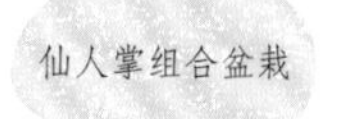

迷你仙人掌的组合也很不错

在陶盆里混合栽种多种仙人掌，可爱的同时又有一种狂野的魅力。

小花盆的组合

我曾经有一个很喜欢的小型素陶盆，
后来不知道丢哪儿去了，
因此难过了好一阵。
这次，终于买到了同款。
大多时候，
我会将多肉植物组合栽种在花盆里，
但邂逅了这款素陶盆后，
我发现它们也许更适合栽种单棵植株。
每种多肉植物单独种在小型花盆中，
再把契合度超高的素陶盆并列摆放，
如此，
寻得了一种与众不同的美。

不同类型的盆栽摆放在一起

后方的小花盆就是我找了很久的素陶盆，前方用于组合盆栽的铁艺花盆也很好看。

像布置杂货一样摆放花盆

将小花盆像杂货一样摆在隔板上，花盆里的多肉植物开了很小的花。

一个陶盆栽一棵多肉植物

仔细看的话，你会发现花盆的尺寸似乎并不一致。没错！想买的小花盆只剩下2个了，为了凑4个，我只好又挑了2个大一号的。

可以轻松繁殖的多肉植物

用手摸多肉植物时，有时会把叶片碰掉。把掉落的叶片放在土上，就会有新芽冒出来，生成新的植株。过一段时间，等掉落的老叶蔫了，新植株就可以存活了。此外，如果把多肉植物的徒长枝剪下来直接插进土里，也能生出新的根系。生命力真是顽强啊！

每一片叶子都
生出了新芽

把掉落的叶片放在土上，就能孕育新生。

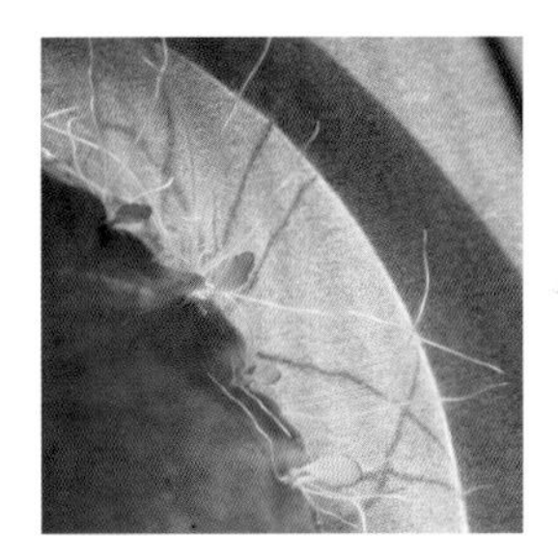

已经长出新芽了

让老叶浮在水面上，叶片边缘长出了很多新芽。

多肉植物的组合盆栽有些凌乱，此时可以用剪刀把徒长枝剪掉。

↓

把剪下来的枝条随意塞进塑料盒里，不用加水或土壤，只需等三四天，待切口变得干燥。

→

用镊子把切口已经干燥的枝条插进土里，这些枝条生根后，就打造出一盆新的组合盆栽了。不过，家里通过这个方法获得的多肉植物太多，已经没地方放了。

从上往下看呈星形的‘小米星’

青锁龙属多肉植物‘小米星’非常可爱，对生的三角形叶片从上往下看像星星一样。

用折断的枝条扦插繁殖

这是一种景天属多肉植物，我已经忘了具体的品种名。把它们折断的枝条插在花盆里，现在已经生根并茁壮成长了。

别致的‘千兔耳’

仔细观察，你会看到‘千兔耳’叶片表面的茸毛，它略泛银色的叶片看起来十分独特。

我的多肉植物笔记

自从我开始对多肉植物感兴趣，它们的数量就越来越多，现在已经占据了平台的一角。下雨天不方便到花园里劳作时，我会在平台上照顾这些多肉植物。就算太忙了忘了浇水，它们还是长得很好，非常省心。我一般统称它们为多肉植物，其实它们分属于不同的科别，也有各种好听的品种名。我本是想尽量详细地介绍它们各自的分属，但是这些真的很难记住，我还是继续叫它们多肉植物吧！

像兔耳朵一样的‘星兔耳’

这是伽蓝菜属多肉植物‘星兔耳’，它表面毛茸茸的，看起来很暖和。或许就是因为它像兔子的耳朵才会叫这个名字吧！

像花朵一样美的‘爱染锦’

莲花掌属多肉植物‘爱染锦’非常好看。叶片展开的样子就像是一朵重瓣花。

资深爱好者才会买的‘京之华’

十二卷属多肉植物‘京之华’。十二卷属的多肉植物价格相对较高，一般只有资深爱好者才会收集。

繁殖力惊人的‘不死鸟’

这个品种叫‘不死鸟’，它的叶片边缘会长出小芽，第一眼看上去有些奇怪。

可以随意修剪的景天属多肉植物

把景天属多肉植物的枝条剪下来，插在花坛边，1个月后就能生根发芽。

我最喜欢的多肉植物

这是我最喜欢的石莲花属多肉植物‘静夜’。它具有透明感的叶片顶端是红色的，非常可爱；黄色的花朵质感厚重也很可爱。

多肉植物的养护

养护多肉植物的关键是保持介质良好的排水性，我一般使用多肉植物专用的培养土，这样管理起来更方便。现在，多肉植物、专用土和花盆都能在花市轻松购买到，感兴趣的话，不妨试着种植多肉植物吧！

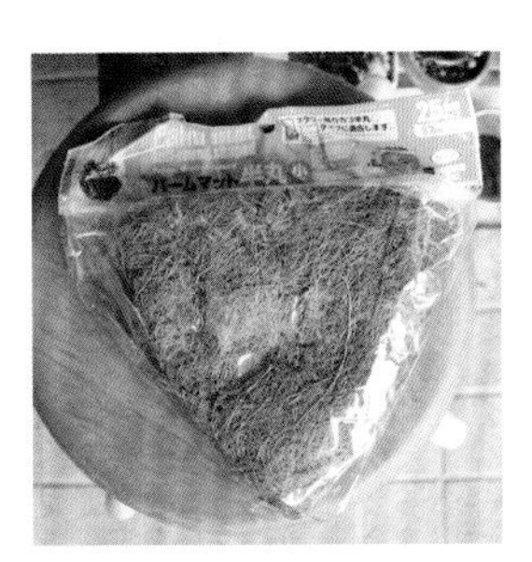

非常值得推荐的便宜好物——棕垫。

改造前

把棕垫撕开，铺在盆栽的土壤表面。

→

改造后

有了棕垫的装饰，多肉植物瞬间显得更有档次了。

我的常用工具

浇水壶

我非常喜欢这个浇水壶，这是10余年前逛一个园艺商店时，丈夫一眼看中买下的，此后便一直使用至今。

当初买它的时候，家里的盆栽比现在多，我们专门选了10L大容量的，想着最好能一次性多浇几盆花。如果把水壶完全装满，真的挺重的。但因为能节约浇水时间，这个浇水壶的使用频率很高。

移植铲

这些移植铲不但能定植或移植花苗，还可用于施肥、拔草、翻土等，用处很多。我看到它们可爱的颜色就忍不住买了下来，现在已经有5把了。

有电视节目说，移植铲经常会被随手放在花园各处，因此要选择颜色鲜艳的，这样一来，无论它们被忘在哪儿了都能很快被发现。于是，我也开始买颜色鲜艳的铲子。每次使用完，我不会特意清洗铁铲表面的污渍和锈迹，因为这样会让它们更有杂货的感觉。

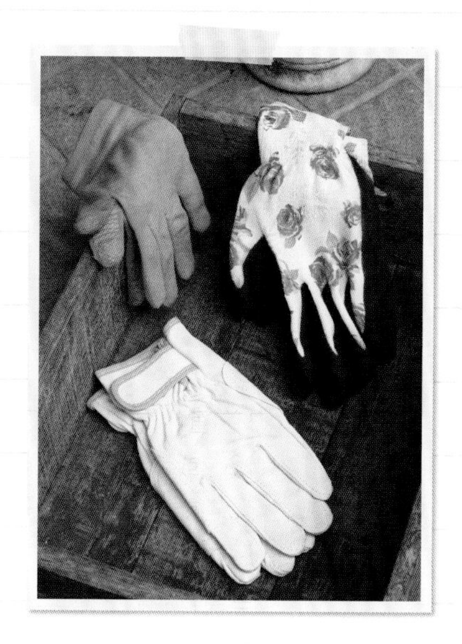

园艺手套

我有3副园艺手套，灰色的用于日常作业，带花纹的用于挖土，白色的用于打理月季。

灰色手套材质是伸缩性好的布质，掌心处有防滑胶，一般用于摘除草花的残花、修剪过长枝条等日常作业。我选择的是恰好适合手掌的尺寸，这样可以做一些精细活。这副手套除了能防止手部弄脏外，还能抵挡不知道潜伏在哪里的小虫子。

带花纹的手套主要用于栽种花苗或是挖土施肥等需要接触土壤的工作。如果没戴手套挖土，指甲缝里会有泥土残留；如果戴的是全布质手套，当碰到湿润的土壤时，手套很快就会变湿，需要经常更换；如果是全橡胶的手套又不太透气，手套里很快会凝结水汽。因此我选择的是手掌和指尖处是橡胶，其他部分是布质的手套。

就算只种1棵月季，这副白色的月季专用手套也是必备工具。从剪切月季花用于装饰等小工作，到修剪、牵引枝条这种大工程，都需要戴月季专用手套以防止被刺伤。我选择的是比较柔软、贴合的皮质手套，既能防刺又使用方便。

园艺靴

平时，我大多穿普通的鞋子到花园里劳作，遇到雨天地面太湿，或是要定植花苗时才会穿上这双园艺靴。我之前买的是比较朴素的长筒雨鞋，后来在商店一眼看中这双碎花园艺靴，就马上买下了。当时还有相同设计的长靴出售，但考虑到穿脱和收纳方便，我最终还是选择了这双短靴。实际使用起来，我发现这双短靴已经够用了。

刚买到这双鞋子时，我担心把鞋子弄脏，反而比平时更小心了。后来发现不论弄得多脏，只要用水冲洗一下，鞋子很快就能焕然一新，我这才开始不在意弄脏鞋子。

园艺剪

我有两种园艺剪，一种是切花用的，另一种是修剪用的。修剪柔软的草花、剪开营养土或肥料的袋子、剪断牵引用的绳子时我会使用切花用的园艺剪。修剪粗枝条或较硬的枝条时我会使用修剪用的园艺剪。

在挑选园艺剪时，我会比较在意剪刀和手的契合度。使用时，我也没有特别爱惜，只是在使用后会把污渍和水擦干净。偶尔，丈夫会很仔细地给它们做保养。

买那么多把修剪用剪刀的原因是，修剪铁筷子时，需要注意预防病菌传染，因此修剪完一棵铁筷子，就需要把剪刀放进磷酸三钠溶液中浸泡10分钟消毒。如果只有一把剪刀，那么剪完一棵铁筷子就要等10分钟。为了缩短作业时间，我不得不多买了几把剪刀。

书中的照片是用这个相机拍摄的

相机

我常用的相机是佳能EOS Kiss X2单反相机，配有标准焦距镜头和长焦镜头，是丈夫在我开设博客时送给我的。后来我过生日时，丈夫又送了我微距镜头。图中就是这三个镜头。

对于摄影，我还在继续修行，也常常会拍不到满意的照片。不过，拿着相机在花园里闲逛并记录植物最美丽的瞬间，对我来说是非常幸福的时刻。

紫雨，日本知名园艺博主，热爱园艺以及与植物有关的一切，在自家公寓的小花园里栽种了月季、铁线莲等，并通过博客分享自己的花园生活，收获了一众粉丝。

图书在版编目（CIP）数据

花园 MOOK 特辑 . 花园日志 / (日) 紫雨著 ; 久方译 . — 武汉 : 湖北科学技术出版社 , 2021.4
ISBN 978-7-5706-1245-1

Ⅰ . ①花… Ⅱ . ①紫… ②久… Ⅲ . ①观赏园艺－日本－丛刊 Ⅳ . ① S68-55

中国版本图书馆 CIP 数据核字 (2021) 第 033157 号

花园 MOOK 特辑 • 花园日志
HUAYUAN MOOK TEJI HUAYUAN RIZHI

责任编辑：魏　珩
美术编辑：胡　博

出版发行：湖北科学技术出版社
地　　址：武汉市雄楚大街 268 号湖北出版文化城 B 座 13—14 层
电　　话：027-87679468　　　　邮　　编：430070
网　　址：http://www.hbstp.com.cn
印　　刷：武汉市金港彩印有限公司　　　　邮　　编：430015
开　　本：889×1149　1/16　　　　印　　张：6
版　　次：2021 年 4 月第 1 版
印　　次：2021 年 4 月第 1 次印刷
字　　数：150 千字
定　　价：48.00 元

（本书如有印装问题，可找本社市场部更换）